国防科技知识大百科

遨游大海——舰船武器

田战省 主编

西北工业大学出版社
西 安

图书在版编目（CIP）数据

遨游大海：舰船武器／田战省主编. — 西安：西北工业大学出版社，2018.10
（国防科技知识大百科）
ISBN 978-7-5612-5818-7

Ⅰ. ①遨… Ⅱ. ①田… Ⅲ. ①军用船-介绍-世界 Ⅳ. ①E925.6

中国版本图书馆 CIP 数据核字（2018）第 244064 号

AOYOU DAHAI — JIANCHUAN WUQI
遨游大海——舰船武器

责任编辑：李阿盟 王 尧　　策划编辑：李 杰
责任校对：刘宇龙　　装帧设计：李亚兵
出版发行：西北工业大学出版社
通信地址：西安市友谊西路 127 号　　邮编：710072
电　　话：(029) 88491757，88493844
网　　址：www.nwpup.com
印 刷 者：陕西金和印务有限公司
开　　本：787 mm × 1 092 mm　　1/16
印　　张：10
字　　数：257 千字
版　　次：2018 年 10 月第 1 版　　2018 年 10 月第 1 次印刷
定　　价：58.00 元

序 Preface

国防，是一个国家为了捍卫国家主权、领土完整所采取的一切防御措施。它不仅是国家安全的保障，而且是国家独立自主的前提和繁荣发展的重要条件。现代国防是以科学和技术为主的综合实力的竞争，国防科技实力和发展水平已成为一个国家综合国力的核心组成部分，是国民经济发展和科技进步的重要推动力量。

新中国成立以来，我国的国防科技事业从弱到强、从落后到先进、从简单仿制到自主研发，建立起了门类齐全、综合配套的科研实验生产体系，取得了许多重大的科技进步成果。强大的国防科技和军事实力不仅奠定了我国在国际上的地位，而且成为中华民族铸就辉煌的时代标志。

“少年强，则国强。”作为中国国防事业的后备力量，青少年了解一些关于国防科技的知识是相当有必要的。为此，我们编写了这套《国防科技知识大百科》系列丛书，内容涵盖轻武器、陆战武器、航空武器、航天武器、舰船武器、核能与核武器等多个方面，旨在让青少年读者不忘前辈探索的艰辛，学习和运用先进的国防军事知识，在更高的起点上为祖国国防事业做出更大的贡献。

前言 Foreword

地球表面将近3/4的面积被海洋占据着，辽阔的大海将人们生活的陆地隔开，让人们望洋生叹。但人们并没有止步不前，而是想出各种办法来越过大海，到海的另一头去看看。舰船就是人们征服海洋最有利的工具，它就像沟通各个陆地的“使者”，将一方的人或物，甚至文化、信仰等传递到另一方，将彼此并不相通的陆地无形地连接起来。

有了舰船，人们航海的脚步越来越大，逐渐发现了海洋中蕴藏的丰富资源。为了争夺这些资源，人们将战争从陆地扩展到海面，适应水战的战船也应运而生。从古代的战船到现代的军舰，舰船的发展水平越来越高，发展速度越来越快，特别是进入21世纪后，科学技术的革新给舰船的发展带来了深刻的影响。

本书以翔实的资料、丰富的内容、精美的图片，全面介绍了舰船的发展历史与各式舰船的科学知识，为青少年读者呈现了一个丰富多彩的舰船世界，让他们了解舰船、热爱舰船、激发对舰船的浓厚兴趣，增强海洋意识和海防观念。

目录

Contents

舰船知识

民用船舶

军用舰船

军舰大观

海上航行

舰船知识

船舶是一种历史悠久的交通工具和海战武器。它是人类最伟大的发明之一，是人类走向文明的一个重要转折点。有了船，人们才得以征服横亘在陆地间的广大水域，到达许多以前从未去过的地方。但船舶的发明和应用却经历了一个相当长的历史时期。从最早的独木舟和筏子，到以蒸汽机为动力的轮船，再到今天海面上高速航行的舰艇，船舶以令人吃惊的速度飞速发展着。造船的技术也迅速发展，如今，造船业已成为一个国家工业技术水平的体现。

在水上漂流

在探索和认识世界的过程中，人类的脚步真是越迈越大。到了一定时期，人类已不再仅满足于陆地上的活动。看到一湾清水或一片汪洋将自己生活的地方与其他地方隔离，人类想打破这重障碍，到水的那一端看一看；有些地方还需要人到水中去寻找食物。于是，人类利用身边的材料，开始想办法在水上进行漂流。

原始材料的使用

早期人类发现了芦苇、树皮、原木等材料可以浮在水面上，于是就利用这些天然的材料制作出了最早的水上交通工具。有人把芦苇扎在一起，抱着过河；也有人用原始的石斧、石刀等将树木砍倒，直接扶着涉水过河。

木筏

★聚焦历史★

新中国成立以前，兰州的交通落后，绝大多数货物都要靠羊皮筏子走黄河水道运输。黄河水道水流湍急，那时又缺乏导航设备，稍有不慎，就有筏翻舟覆的危险。因此，那些划羊皮筏子的水手都是技术高超、深谙水性的好手。

葫芦的妙用

葫芦在人们的日常生活中用途非常广泛，它可以用来做容器、做装饰、做乐器、收藏，也可作为舀水的器皿，甚至还是人们餐桌上的一道佳肴。早期的人们将多个葫芦串在一起拴在腰间，称为“腰舟”。过河的时候，人们借助葫芦的浮力漂在水面上，缓缓驶向目的地，非常有趣。

芦苇船

水上漂流运动

舒适的皮囊

人们经过不断探索，发现给皮囊里充满气体，皮囊也可以漂在水面上。于是，人们就开始骑着这样的皮囊渡河。皮囊充气后非常柔软，即使长时间骑着也会很舒服。后来，人们又在皮囊上绑上木板或竹板，这样就不用长时间将腿浸泡在水里了。皮囊的出现使人们在渡河的过程中也可以随心所欲地欣赏沿岸的美景，陶冶性情。

筏子的出现

根据竹子、原木、皮囊等在水面漂流的原理，人们发明了筏子。筏子的种类有很多，利用不同的材料可以制作不同的筏子。将竹子并排用藤条扎在一起，就制成了今天仍能见到的竹筏。木筏和竹筏比较相似，是人们将整根木头切割成适当的大小，然后再并排捆扎制成的。因为木头与竹子的质地不同，本身具有一定的吸水性，所以制作木筏的木头先要经过一些防腐处理。否则，长期浸泡在水里，会影响木筏本身的使用寿命。筏子，制作简单、使用方便，因此有些国家和地区仍沿用至今。

竹筏

皮筏

原始的皮筏

人们将整头牛或羊的四肢和头割去，完整地把皮剥下，放进清油及盐水中浸泡，晾干后将切口缝合充气，并排绑在框架上，就制成了皮筏。最早的皮筏只用一张兽皮缝制而成。随着生产力的提高，人们想方设法将几张、几十张兽皮缝制的气囊扎在一起，这样就可以运送更多的人和物品了。这些皮筏还可以根据需要随时拆卸，具有节约资源、机动灵活的特点。

浮力带来的礼物

想要漂洋过海，就得先让自己不沉入水底。很久以前，古人就发现有些物品能浮在水面上。于是，人们开始研究浮力，把木头挖成空心的独木舟，这是对浮力原理的最早利用。其实，无论是浮在水面上的船和木块，还是可以从水底升到水面的乒乓球，甚至沉到水底的铁块，水对它们都有浮力作用。

发现浮力定律

相传在古希腊时期，叙拉古的国王赫农王请阿基米德鉴定金匠给他制作的王冠是否是纯金的，并且不能破坏王冠。开始，阿基米德也被这个难题难倒了。直到有一天，他在洗澡的时候注意到，当自己坐进浴盆时水位会上升，站起来时水位又会下降，因此发现了浮力定律。利用这个原理，阿基米德将王冠和同样重量的金子分别放进盛满水的容器里，结果发现从装王冠的容器里溢出的水比从装金子的容器中溢出的要多，最终证明王冠是掺假的。

▲ 阿基米德发现浮力定律

▲阿基米德

阿基米德定律

阿基米德发现的不仅是鉴定金王冠有没有掺假的方法，而且还是重要的科学原理。他把多种密度不同的物体放入水中反复实验，最终发现：浸没于水中的物体受到一个向上的浮力，浮力的大小等于它所排开水的重力。这就是著名的浮力定律，后人为了纪念这位伟大的科学家，就把这个定律称为阿基米德定律。

悬浮与下沉的秘密

其实，所有浸没在水中的物体都会受到一个方向朝上的浮力和一个方向朝下的重力的作用。如果物体受到的合力向下，物体就会下沉；如果物体的重力小于浮力，那么就会上浮，直到它排开的水的重力等于它自身的重力，就不会再继续上浮。

巨大的意义

浮力定律对现代科学技术的发展有着重要的影响。正是由于阿基米德的发现，人们知道了浮力的规律，才有可能利用比水重的钢铁和水泥来制造轮船。人们还根据浮力定律，造出了能浮能沉的潜水艇。浮力定律是经典力学最古老的定律之一，它的发现和应用是人类认识自然的一大进步，标志着人类对自然界中流体的应用从被动开始转为主动，它的意义是无比巨大的。

▼潜艇能通过改变自身重量来控制沉浮

浮力与压强

人潜入水里会感到发闷，是因为受到了水的压强。所以，要潜入更深的水里，必须穿上潜水服，而到达深海则需要乘坐特制的潜水艇。同样，当船运载货物时，它的载重量越大，吃水就越深；载重量越小，吃水就越浅。我们由此可知，浮力越大，压强越大。

寻根问底

浮力定律只适用于水吗？

浮力定律不仅适用于水，对一切液体、气体也都适用。后来，人们把浮力定律引申到气体上去，制造出了比空气轻、能浮在空中的热气球。一直到现在，人们还在利用它来计算物体比重和测定船舶的载重量。

现代船只的雏形

和筏子一样，独木舟也是人类最古老的水域交通工具之一。很早的时候，中国就有“伏羲氏刳木为舟，剡木为楫”的记载。这种方法就是将整棵树木砍倒后，利用火烧或者石斧砍凿，直接将其掏空，形成独木舟。它已初步具备了船的基本特征，拥有船底、船舷和船舱，可以方便地运载人和物。可以说，独木舟是现代船只最早的雏形。

第一艘船

筏子是舟船出现之前的第一种水上运载工具。后来，人们发现整根的大木头比木筏的浮力更大，只是圆圆的木身不利于站立，于是开始试着用木斧将木头的上层削平。到了新石器时代，人们发现火比木斧加工木材更方便，便将树干上不需要挖掉的地方都涂上厚厚的湿泥巴，然后用火烧烤掉要挖掉的部分。这样，有泥巴地方的木材被保存下来，没有泥巴地方的木材被烧成一层炭，这时再用石斧砍，就容易多了。人们尽量将树干掏空，就制成了人类文明史上的第一艘船——独木舟。

▲ 独木舟

优点和缺点

筏子和独木舟是我国平底船和尖底船两大船型的始祖。独木舟是由独木做成的，受原株树木粗细的限制，不可能造得很大，载重量有限，且在水中的稳定性不好，不利于水上运输。而筏子的面积虽大，稳定性好，但没有干舷，加上本身在捆扎时有较大的间隙，容易渗水，人和货物一多，就容易被水浸泡。

▼ 在非洲的赞比西河两岸，居民们仍然在使用独木舟

木板船诞生

木锯出现后，人们可以将木材加工成木板。为了提高载重量和防止水侵，人们开始试着在筏子和独木舟的周围增加原木或木板，加装木板的木筏就逐渐演变成方头方尾平底的木板船。而随着装载量的日益增多，独木舟的舷板也一列列加上去，船的容量越来越大，船底的独木舟作为“舟”的作用就逐渐减弱了。最后，舷板成了主要部分，独木舟的独木转化成尖底船的龙骨。这样，由方头方尾平底的独木作为基础的尖底独木型木板船诞生了。

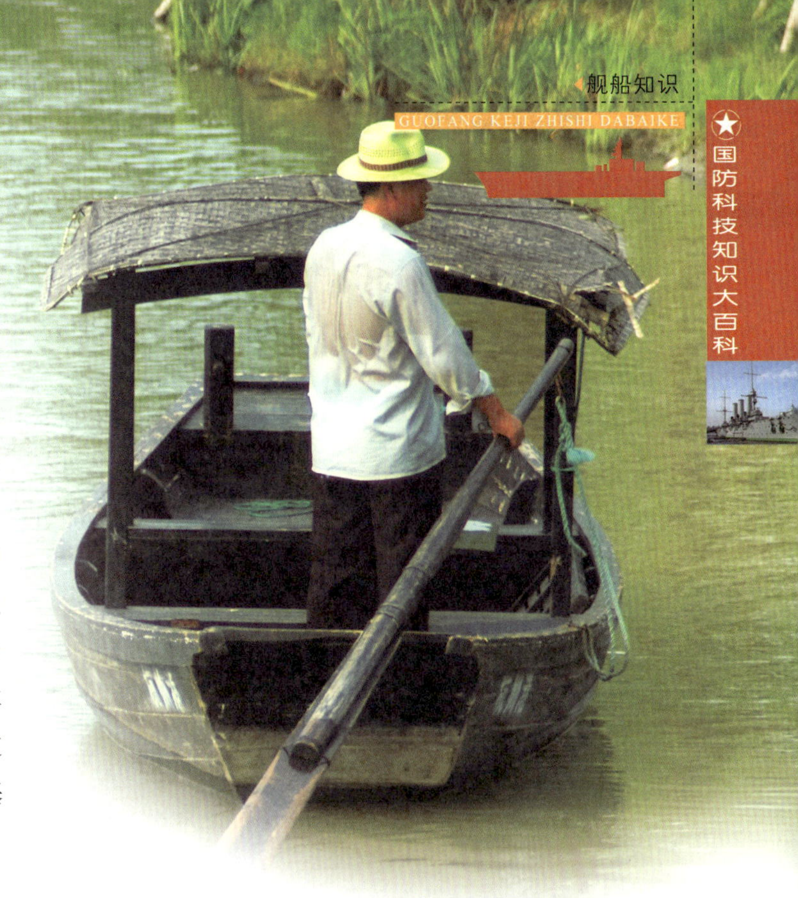

▲ 木板船

见微知著　舷板

船舷是指船的两侧，一般按照从船尾向船首的视线方向，左侧称为“左舷”，右侧则称为“右舷”。舷板则是指甲板上沿两舷所装设的竖板，主要用来防止风浪和保护船上人员的安全。舷板上供船员出入的门窗则称为“舷门”和“舷窗”。

木板船的发展

木板船突破了原木的局限，用同量木材可以造出比独木舟更大的船舶。不仅如此，它还可以通过变化尺度来提高稳定性和快速性，为后世的船舶大型化和多样化开辟了无限的发展前景。由于先期的木板船很小，装载量也有限，人们就用皮条、藤蔓、绳索等将木板船相并联使用，这就是舫。舫在船舶发展史上一度成为船舶的主流，到近代，船舫又得到了新生，发展成为现代双体船。

◀ 快速双体船

最初的划水动力

人类最初使用的独木舟或筏一类的简陋水上运载工具是没有动力的，只能顺水而行，如果要转向或逆流而行，就要用手去划水。后来，人类发明了桨，这是人类手臂的延长。桨的出现使船的运动有了新的动力。有了桨，人就可以坐在船上划水前进，也可以逆流而上。紧接着，划桨船就在地中海海域周围逐渐发展起来。

桨的形态

人们现在使用的船桨大都是这样一种形态：为了方便人们手握，上端被设计成圆杆；下端的板状设计略宽，很易于划水。然而，最初的桨与我们今天看到的桨差别很大。最初人们发明桨的灵感来自于鱼鳍，人们发现鱼儿在水里自由的游动时，鱼鳍总在不停地拨水，于是就模仿鱼鳍制造出了最早的桨。这种桨的握杆比较短，桨板又窄又长。

聚焦历史

爱琴海地区的克里特人也是最早的航海民族之一。他们的划桨船技术十分优秀，很可能吸收了埃及和腓尼基的造船技术。克里特人的战船上曾经配置有 44 名划桨手，可以推动巨大的战船乘风破浪，快速前行。

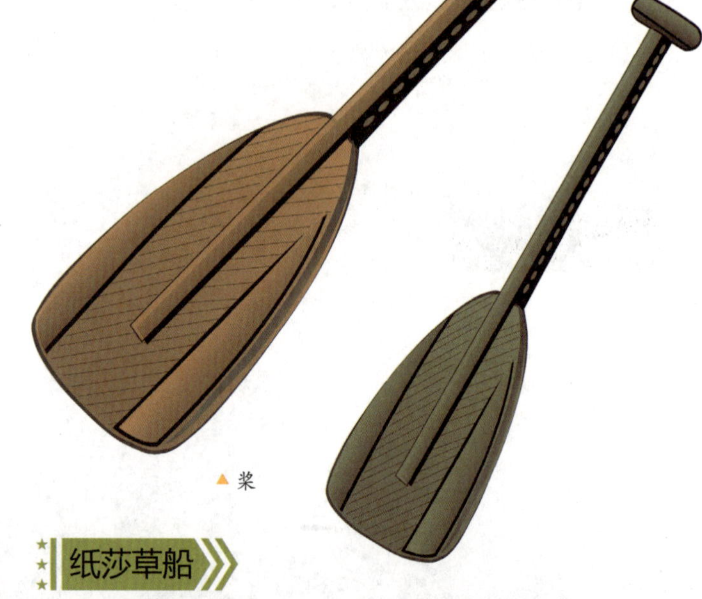

▲ 桨

▲ 古埃及壁画中的纸莎草船

纸莎草船

人类的桨船发展经历了一个漫长的时期。这类船大都采用原始的材料，比如木、竹或草类等。尼罗河地区生长着一种特殊的草，有着好听的名字——纸莎草。那里的人们用这种草编制成首尾上翘的月牙形纸莎草船。两舷包着兽皮，船体缝隙用纸莎草和麻絮填补，船身用绳索捆扎牢固，这是一种具有当地特色的桨船。

▲ 单层桨船

桨船的特点

桨船有多种类型，按照桨的配置不同可分为单层桨船、双层桨船和多层桨船。在双层桨船和多层桨船上，划桨手坐在各层的水平甲板的长凳上划桨。桨船的船身细长，前部尖利，有良好的破浪效果，船上还可以装备其他推进工具，例如装备风帆，成为桨帆船。

淡出视野

桨船曾在人类历史上有过广泛的应用，人们用它作为运输船舶。例如，16 世纪地中海地区使用的威尼斯商用桨帆船。除此之外，桨船也可用于作战，成为军用桨帆船。如今，人们已经不再使用大型的木船了，桨也逐渐淡出了人们的视野。现在的桨主要流行在各种游船上，以带给游客一种古典别致的韵味；此外奥运会上还保留有独木舟比赛，不过比赛用的桨是经过精心设计的，用材、比例等均与游船上的仿古桨有很大区别。

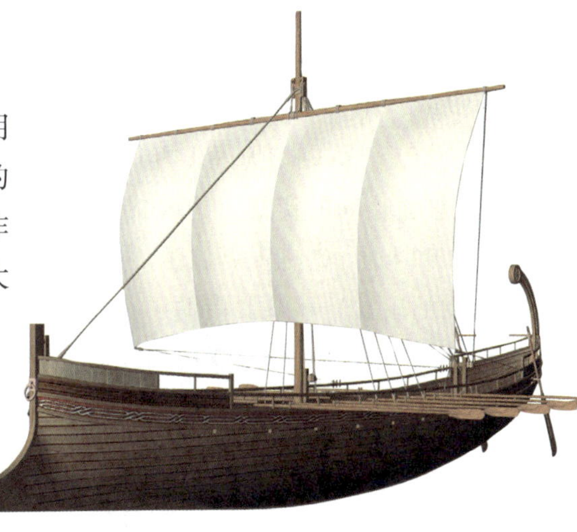

▲ 桨帆船

篙

篙也是一种早期的船只推进工具。它是用竹竿或木杆制成的，通过支撑水底或旁边物体的反作用力，船便能向前缓缓前行。在制作工艺上，篙的制造简单方便，使用起来也很容易。所以，从出现到广泛使用，篙一直有它的独特魅力。今天，当你穿越在风景秀丽的江南水乡时，依然可以见到人们举篙撑船、涟漪微动的美景。

▼ 江南竹篙船

借助风来航行

广阔的河面和无垠的海洋上没有任何障碍物的遮挡，风能无疑是一种取之不尽、用之不竭的能源。因此，人们利用风的力量，发明了帆。桨船主要依靠人力划水前进，帆的出现是对人力的一次巨大解放，让用力划船的人们省了不少力气。从此，人类进入了扬帆启航的时代。帆就好像是船的翅膀一样，船在风的作用下航行得更快更好了。

帆的出现

没有人能够确切地说出帆到底是什么时候、在哪里出现的。似乎在长期的实践中，帆就这样不知不觉地走入了人类的生产和生活。也有观点认为，发明帆的人是受了一种叫鲎的动物的启发。风帆要借助于桅杆在船上升起，将风力收集，带动船体顺风而行。帆的面积越大，风力越大，船的航行速度就越快。

▲ 纵帆船

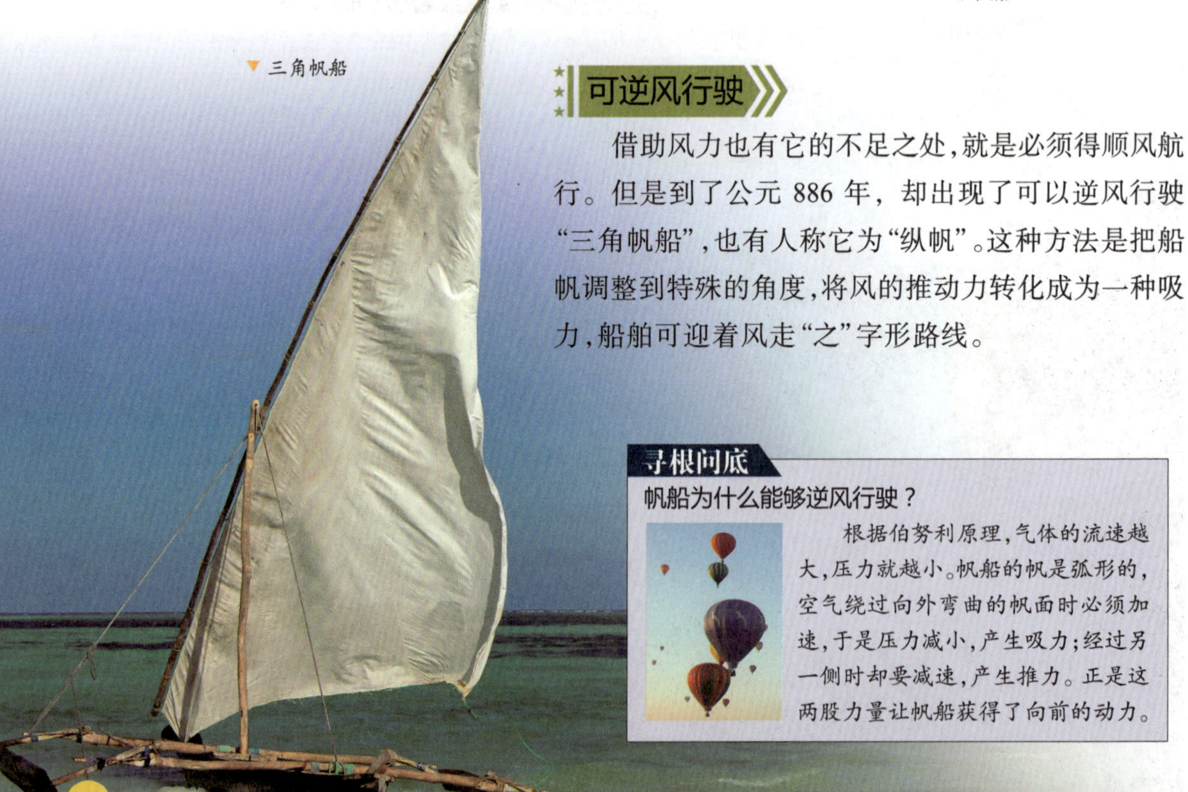

▼ 三角帆船

可逆风行驶

借助风力也有它的不足之处，就是必须得顺风航行。但是到了公元 886 年，却出现了可以逆风行驶"三角帆船"，也有人称它为"纵帆"。这种方法是把船帆调整到特殊的角度，将风的推动力转化成为一种吸力，船舶可迎着风走"之"字形路线。

寻根问底

帆船为什么能够逆风行驶？

根据伯努利原理，气体的流速越大，压力就越小。帆船的帆是弧形的，空气绕过向外弯曲的帆面时必须加速，于是压力减小，产生吸力；经过另一侧时却要减速，产生推力。正是这两股力量让帆船获得了向前的动力。

帆船的发展

帆船的发展经历了三个阶段。从公元前 4000 年到公元 1440 年是第一阶段，这一时期以地中海的“南方”商用帆船与波罗的海的“北方”单桅酒船为代表；第二阶段是从 1440 年至 1840 年，这一时期各类帆船开始逐渐完善起来，出现了大型的多桅帆船；再向后发展，从公元 1840 年到 19 世纪 90 年代，以长船的出现为标志，帆船进入了快速航行的阶段。

▲ 多桅帆船

中国的帆船

我国的航海技术基本与帆船的历史同步，帆船是我国古代海洋社会经济与文化发达的物质基础，直到清代以后才被西方生产的洋轮取代。东汉出现的平衡纵帆是中国独创的，这种帆在桅前、后面积的比例不同，使风的压力中心移至桅后，而又距桅杆很近，所以帆的转动较省力。这种帆的出现，标志着中国木帆船逆风航行的能力已达到成熟阶段。

▲ 中国式平底帆船

帆船运动

如今，帆船已经不仅仅局限于交通运输了，而且成为一项全球性的体育运动。帆船运动是一项集竞技、娱乐、观赏、探险于一体的体育运动项目。它具有较高的观赏性，备受人们喜爱。比赛用的不是大型帆船，而是一种结构非常简单的单桅船，由船体、桅杆、舵、稳向板、索具等部件构成。现代帆船运动已经成为世界沿海地区最为普及的体育活动之一，也是各国人民进行体育文化交流的重要方式。

▼ 帆船运动

让船停下来

船在水面上航行，不像汽车、火车行驶在路面上，可以一脚刹车，利用车轮与地面的摩擦力将车停住。水是一种特殊的物质，船该如何停靠一度成为人们头疼的问题。后来，锚的发明治好了人们的“头疼病”。锚是一种铁制的停船器具，用铁链连在船上，抛在水底，可以使船停稳。有了锚，人们在水路上也可以想行就行、想停就停了。

锚的原理

古代的锚是一块大石头，或是装满石头的篓筐，称为“碇”。碇石用绳子系住沉入水底，依靠它本身的重量使船停泊。现在的锚大多是铁制的，由锚环、横杆、锚杆、锚臂、锚冠和锚爪等基本部分组成，通过长长的铁链与船体连接。船在航行中需要停靠时，就将锚抛入水中。当锚接触到水底时，锚爪就可以钩住水底的岩石或泥土，通过连接在船体上的铁链将船拉住，使其停下来。

见微知著　抛锚

抛锚是指船舶最常用的停泊方法，将船上以锚链连接的锚抛入水中，利用锚对水底的抓力将船舶停留在预定的位置。根据不同的水域、气象条件和作业要求，抛锚的方式也有所不同，常用的有首抛锚、尾抛锚、舷侧抛锚及首尾抛锚等。

锚的分类

锚按其结构不同可分为有杆锚、无杆锚、大抓力锚和特种锚。有杆锚就是当锚深入水底时，锚爪插入土中，横杆能阻止锚爪翻起，起到稳定的作用；无杆锚没有横杆的设计，锚爪可以转动；大抓力锚顾名思义就是具有很大的抓力，抓得深且抓土面积大，是一种有杆转爪锚；特种锚就是用在特殊地方、具有特殊用途的锚，比如说用于固定水中浮标的永久性系泊锚等。

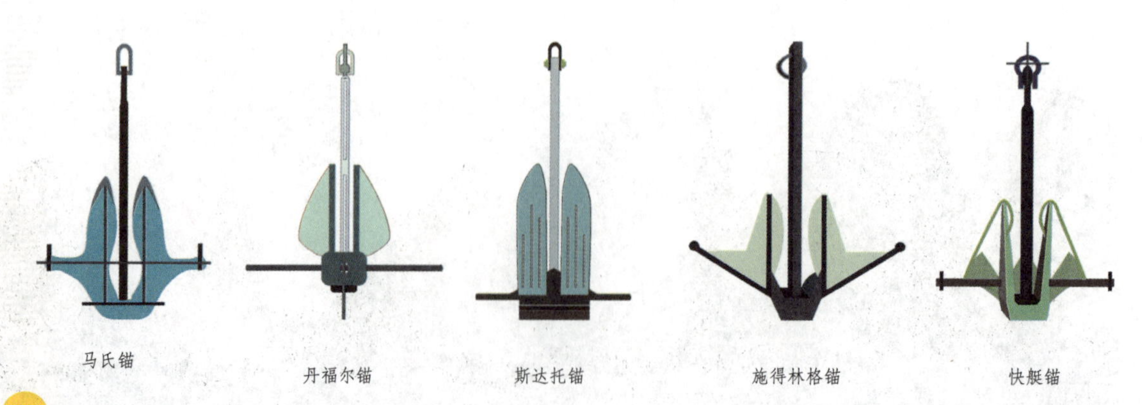

马氏锚　丹福尔锚　斯达托锚　施得林格锚　快艇锚

船首抛锚

在海洋中航行，水手们大都采用从船头处将锚抛入水中。这时船必须处于相对较好的环境下，海洋中的风浪较小，水流的影响也较小。而当船达到一定长度，或者风浪特别大的时候，就需要一次抛下两只锚。因此大船的船首基本上都配备有两个主首锚，以备不时之需。

其他抛锚方式

当船沿着内陆河顺水而下的时候，若从船头抛锚会导致船身的翻转，很不安全，所以人们多采用船尾抛锚的方式。同时，根据特殊的要求还可以从船首和船尾同时将锚抛下，使船舷对着风向停止。这种方法是先将船头的主锚从顶风方向抛出，然后用小艇将船尾的锚运出抛下，使船停止在需要的位置上。

防止丢失

锚虽然是由锻造金属制成的，但是长期在潮湿的水下环境作业，磨损、腐蚀是在所难免的。有时会因为连接锚和锚链的销栓发生松动而导致锚的丢失，有时也会因为锚链的老化而断锚丢失。所以对锚的维护需要定时、按时进行。锚丢失在茫茫的水域中，要找回简直是大海捞针，因此最好的“寻找”方式就是保护好，不丢失。

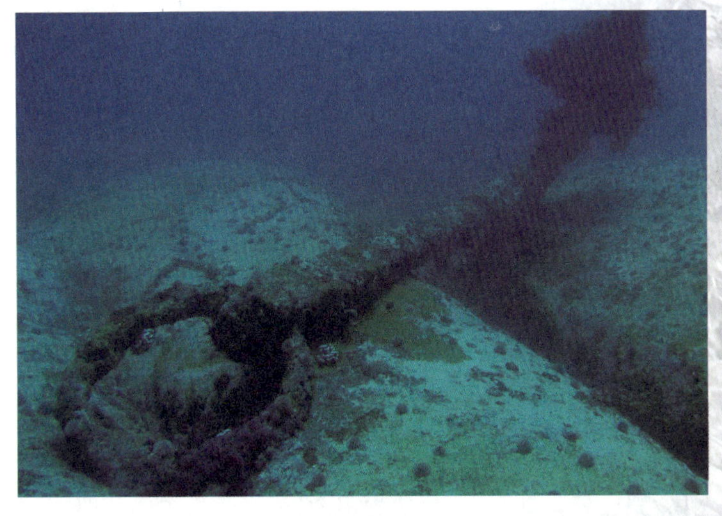

▲ 生锈的锚

古老的战船

为了取得战争的胜利，每一个古老的民族都创造了自己的战争工具和武器，其中就包括战船。战船是古人进行海上作战的重要装备，有些由商船改造而成，有些由统治者专门打造。和其他船只一样，最早出现的战船也是采用木质结构，以人力为动力，靠人工划桨来推进的。后来，随着造船技术的进步，出现了以风帆为动力的风帆战船。

古希腊战船

早在公元前1000多年，古希腊人就开始利用战船进行海上作战了。古希腊的战船是由人力来驱动的，负责划桨的大多是奴隶。这些战船都装有削尖的长木柱和长木板，前者可以用来撞击敌方的船只，后者可以帮助士兵登上敌方的战船与敌人进行肉搏。

▲ 萨拉米湾海战是希波战争期间波斯海军和希腊联军之间进行的一场战争

三列桨座战船

▲ 三列桨座战船

三列桨座战船是古代腓尼基人、古希腊人和罗马人使用的一种战船，由早期的一边一排桨或一边两排桨的战船改造而成，行动更加快速和敏捷。公元前7世纪至公元4世纪，三列桨座战船在地中海地区的海战中起主导作用。在著名的波斯战争中，三列桨座战船还帮助雅典树立了海上强国的地位。后来，罗马共和国决定打造海军，也是以三列桨座战船为主。

大翼战船

中国最早大规模使用战船可追溯到武王伐纣时期（公元前1000年左右），当时武王为了推翻残暴的商纣王，动用了47艘战船横渡黄河。到春秋时期，中国已经能打造出各种各样的战船了，其中最大的是“大翼战船”。大翼战船最早出现于吴国，总长近30米，宽4米，船上可以容纳90多人，靠人力划桨来驱动。它的船体修长，疾行如飞，作战威力很大，是当时的主要战船。

楼船

楼船是中国古代的一种战船，因船体高大，外观似楼而得名。楼船最早出现于春秋战国时期的越国，但最早投入战争则是在吴国。两汉时期，楼船开始成为水战主力，在汉武帝发兵攻打越南和朝鲜的战争中，楼船发挥了重要作用。楼船以摇橹的方式驱动船只，并且用舵进行操控，这一技术远远领先于同时期的古希腊古罗马水平。

▲ 楼船

聚焦历史

1591 年，朝鲜打造了一种形状极像乌龟的战船，称为“龟船”。龟船船首竖立着一个龙头，可以喷出雾气一样的硫黄气体，不仅能扰乱敌人的舰队阵型，还有助于隐蔽自身。在朝鲜王朝抵抗日本战船的侵略中，龟船发挥了重要作用。

风帆战船

风帆战船也是木质结构的，装备的主要武器仍是弓、箭、刀以及剑等冷兵器。后来，风帆战船的类型出现了多样化，诞生了火炮风帆战船、风帆战列舰、风帆巡洋舰、风帆潜艇等。一些当时的海军强国建造了多种类型的风帆战船，如英国的“大哈里”号火炮风帆战船、西班牙的“圣·菲利浦”号火炮风帆战船等，都在海战舞台上有过精彩表演。

▼ 风帆战船

海上强盗

海盗指专门在海上抢劫其他船只的强盗，和陆地上活动的强盗性质一样。自从有海上活动以来，就有了海盗的存在。尤其是在航海发达的16世纪，任何商业繁荣的沿海地带，几乎都有海盗出没。这些海盗曾是海洋上横行一时的霸主，他们有专门的海盗船，上面装备着大炮等武器，以团体的形式在海上向过往船只打劫。

海盗出现

海盗行为早在3 000年前就已经出现了。这是一种古老的犯罪行业，可以说，自从有了船只航行，就有了海盗活动。随着航海技术和人类商业的发展，海盗活动也逐渐猖獗起来。17世纪初是海盗的“黄金时代”，当时新航路的开辟和殖民地的扩张为海盗活动提供了最合适的温床。

▼ 维京海盗船

▼ 维京海盗

神秘海盗船

在海盗船中，最具有代表性的是维京船。这种船是古代挪威人在公元5~10世纪时，运用自己高超的造船技术造出的。船的造型特殊，船身狭长，首尾尖细向上翘起，而且每侧有16支桨，从船侧面的小孔伸出，与船结合在一起，只需反向划桨就可以倒着航行。有些还在船身侧面设计了隐蔽的小窗口，便于发动攻击。在靠岸的时候，它还可以向一侧倾斜，方便人畜上下船，非常有利于抢劫。有了这样精良的战船和野蛮的性格，海盗几乎可以战无不胜，难怪人们在海上看到飘扬的骷髅旗都会惊恐万分。

维京人与海盗

北欧海盗又称“维京海盗”，活动于公元8世纪至11世纪的欧洲。曾有一段时期，维京人就是海盗的代名词。从公元780年起，他们就开始了自己的海盗生涯，驾驶着维京大船在海上横行霸道，直至公元10世纪末才停止了。他们常常侵扰欧洲沿海地区和英国岛屿，令很多欧洲人闻风丧胆。所以，在北欧海盗最兴盛的时期，欧洲称为“维京时期”。

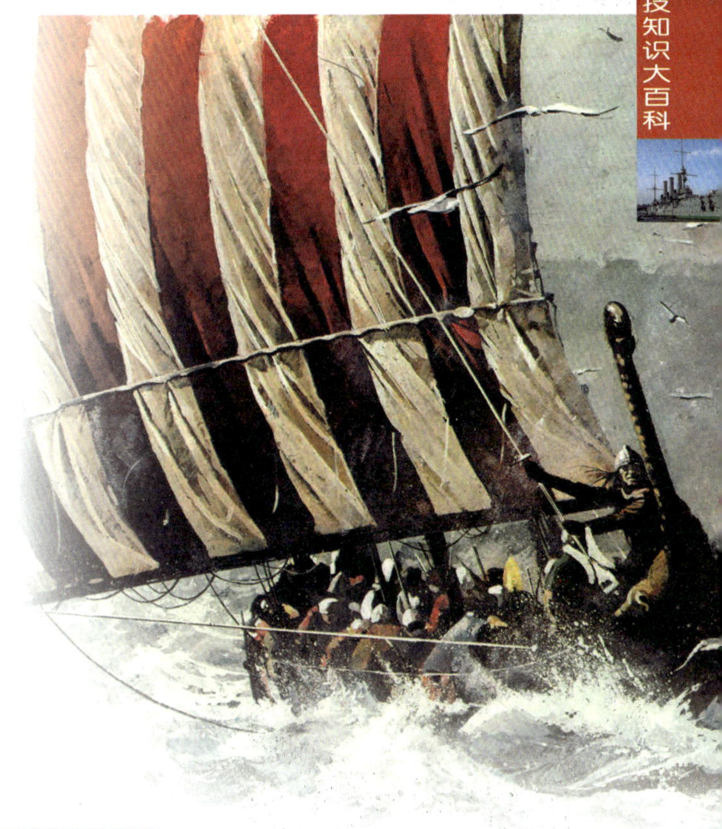

▲ 海盗船

收藏价值

挪威首都奥斯陆西边的比格迪半岛上有一座海盗船博物馆，展示了3艘海盗船，还有海盗方面的资料，吸引了很多游客前去参观。这里收藏的3艘海盗船都是在奥斯陆峡湾附近的坟场出土的，其中“科克斯塔德”号细长优雅，“奥塞贝丽”号设计细腻华丽，“杜内”号则仅存船底部分。

现代海盗

到了现代，平静的海面上仍旧有不平静的海盗事件发生，如著名的索马里海盗。他们的活动区域仍集中在非洲通往亚洲的航线上。他们在抢劫前通常先摸清目标船的情况，得手后与总部取得联系，按照指示更换颜色、旗号、船舶证，到达指定地点与人接头，相当有计划性。

见微知著　索马里海盗

索马里是非洲东部的一个贫穷国家，其外海位于苏伊士运河海域，航道狭窄，而且是连通欧亚的必经航线，为海盗活动提供了有利条件。1991年索马里内战爆发后，这里的海盗活动就更加频繁和猖獗了。

蒸汽机的发明

说到底，船的行驶是依靠划水产生的反作用力将船向前推进的。在蒸汽机发明之前，人们只能依靠人力或自然的力量来推动船只前进。蒸汽机的出现使船舶动力发生了根本性的变革，从此，船舶的推动力从人力、自然力转变为机械力，船舶开始使用蒸汽机提供巨大动力，使人类有可能建造越来越大的船，运载更多的货物。

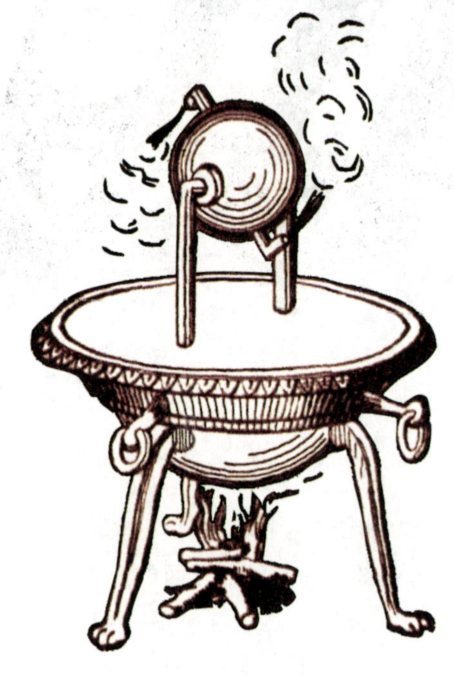

▲ 希罗发明的汽转球是蒸汽机的雏形

最初的发现

早在 2 000 多年前，古希腊工程师希罗就制作了一个靠蒸汽驱动的空心球。在蒸汽的作用下，这个空心球可以不停转动。此后，他又根据这一原理在礼拜场所的祭坛上制作出一座可转动的女神像和可以自动打开和关闭的大门。这两项发明都用于宗教活动，使用范围非常小，但它们却是人类最早将蒸汽产生的动力转化为一种运动的发明。

蒸汽提水机

17 世纪时，随着工业的发展，人们对燃料的需求开始增加，英国的采矿业开始兴盛。由于采矿多是地下作业，地下水的渗入常常使采煤工作陷入瘫痪。为了解决这一问题，英国皇家工程队的军官萨弗里对抽气机进行了改良，发明了世界上第一台实用的蒸汽提水机，解决了长久以来困扰采矿业的难题。

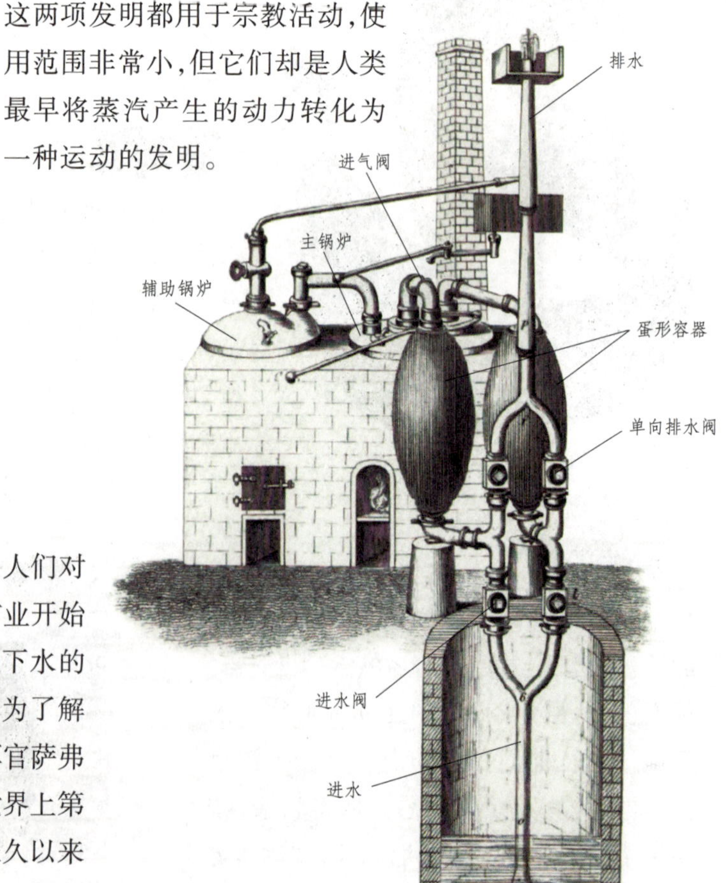

▶ 萨弗里的蒸汽提水机

大气式蒸汽机

萨弗里的提水机仍存在着一些问题：为了将更深处的水抽出来，它必须安装在矿井深处，而且需要非常大的蒸汽压力，所以很不安全。于是在1706年，英国的纽科门及其助手对这一机器进行了改良，发明了大气式蒸汽机，以此来驱动独立的提水泵。这种机器一直使用了半个多世纪。

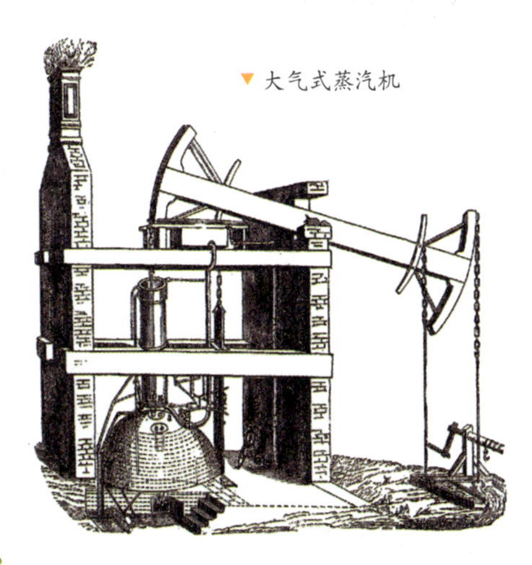
大气式蒸汽机

瓦特

瓦特的发明

瓦特是世界公认的蒸汽机的发明者。他对纽科门蒸汽机做了以下改良：将冷凝器与气缸分离开来，使得气缸温度可以持续维持在注入的蒸汽的温度；发明了双向气缸，使得蒸汽能够从两端进出从而推动活塞双向运动；发明了一种气压示工器来指示蒸汽状况，还发明了三连杆组保证气缸推杆与气泵的直线运动。所有这些革新结合到一起，使得瓦特的新型蒸汽机的效率提高到过去纽科门蒸汽机的5倍。

寻根问底

蒸汽机是怎么工作的？

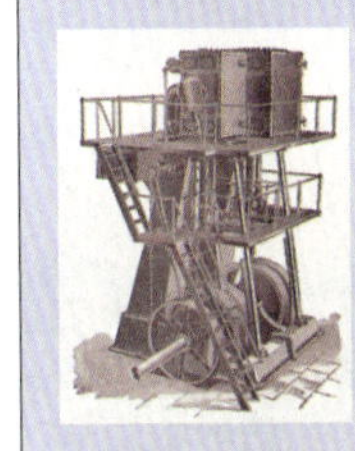

水在蒸汽锅炉中燃烧，沸腾为蒸汽。蒸汽通过管道送到汽缸，经主汽阀和节流阀进入滑阀室，受滑阀控制交替地进入汽缸的左侧或右侧，推动活塞运动。冷却的蒸汽再通过管道引入冷凝器，重新凝结为水。

重大意义

瓦特的蒸汽机是对近代科学和生产的巨大贡献，具有划时代的意义。它促进了第一次工业技术革命的兴起，极大地推进了社会生产力的发展。到19世纪30年代，蒸汽机已经广泛应用于纺织、冶金、采煤、交通等部门，很快引起了一场技术革命。人们不仅将它用作火车的动力，还发明了以蒸汽机为动力的轮船。此后，蒸汽机被用作船舶的动力达数百年之久。

瓦特的蒸汽机

轮船的出现

轮船的出现在船舶的发展史上具有划时代的意义。经历了用桨划水的人力驱动、扬帆启航的风力驱动两个时期，人们利用蒸汽机使船自主运行起来。于是，真正意义上的轮船出现了。19世纪的各大洋是轮船的天下，轮船的出现最终使帆船驶进了船舶博物馆。轮船的发明和不断改进，也使水上运输发生了革命性的变化。

最初的设想

蒸汽机一出现，人们就给了它充分的发挥空间。1690年，法国人丹尼·帕潘就想到了将它应用在船舶上，但他的提议一直没有得到人们的重视。过了一个世纪，英国人乔纳森·赫尔斯制作出了一张蒸汽拖船的草图，可最终还是由于发动机设计得太重而没能实现。

聚焦历史

"黄鹄"号是中国第一艘蒸汽机轮船，于1865年由徐寿设计、安庆制造局建造。它是一艘木壳轮船，船长18米，排水量2.5万千克，装有单缸蒸汽机，航速每小时12.5千米。"黄鹄"号试航时曾轰动一时，但并未正式投入使用。

最早的实践

关于轮船最早的实践是在18世纪末进行的。一位名叫儒弗莱·达万的法国青年侯爵将蒸汽机成功地安装在了船上，制作出了一艘木制的轮船，起名"皮罗斯卡菲"号。蒸汽机带动明轮转动，推动轮船行驶。不幸的是，在1783年7月15日的一次航行中，"皮罗斯卡菲"号爆炸，沉没了。

▼ 早期的蒸汽机轮船

为船痴迷

约翰·菲奇的"实验"号蒸汽船

美国的约翰·菲奇对蒸汽船的研究达到了痴迷的状态。1787 年，他成功地制成了"实验"号蒸汽船。他用蒸汽机带动一根铁杆做水平运动，再用这根铁杆带动 6 支船桨划水，运载了 33 名旅客。但在 1792 年的一场暴风雨中，这艘船不幸被摧毁。然而，他并没有停止对轮船的研究，于 1796 年开始试验世界上最早的螺旋桨推进器。他为船痴迷，却得不到他人的支持，因而一直郁郁寡欢，于 1798 年结束了自己的生命。

船用蒸汽机

真正解决船用蒸汽机问题的是詹姆斯·瓦特。1768 年，他与英国伯明翰轮机厂的老板马修·博尔顿合作，专门研制用于船舶推进的特殊用途的蒸汽机，这就是世界上早期蒸汽机船上普遍使用的博尔顿－瓦特发动机。从此，船舶用上了蒸汽机，蒸汽机轮船出现了，从而完成了船舶动力的第三次革命。

蒸汽机轮船

轮船之父

世界上第一艘蒸汽机轮船是由美国发明家富尔顿制造的。他在 1802 年春天建造出第一艘蒸汽机轮船，但很快就被一场风暴摧毁了。富尔顿并没有因此止步，而是开始了新的改造工作。他重建了一艘蒸汽机轮船，命名为"克莱蒙特"号。1807 年，"克莱蒙特"号在美国哈德逊河上试航，获得成功。从此，美国哈德逊河上开辟定期航班，标志了蒸汽机轮船正式投入使用。人们就此记住了富尔顿的名字，他也因此得到了"轮船之父"的称号。

富尔顿的蒸汽机轮船

船舶的动力发展

自从人类发明船以来，船舶的动力历经了多次发展。从最初的桨和橹到现在的螺旋桨，船舶的推进装置也在不断改进着。蒸汽机提供了更多的能量，使得划水的力量加大、频率加快，所产生的反作用力也就得到加强，船就行驶得更快了。蒸汽机之后，还出现了内燃机等更先进的动力装置，人们甚至开始利用核能来为船舶提供前进的动力。

人力到风力

早期的划水工具有桨和篙，依靠人力划水。后来出现了橹，从表面上看似乎与桨差别不大，但它却可以在较深的水域里给船提供动力。它把桨和篙间歇划水的方式转化为连续划水，看似简单的改进，却大大提高了划水效率。之后，帆的出现让船舶的动力不再依赖于人力，使远洋航行成为可能。

▲ 帆船主要靠帆具借助风力航行

明轮推进

早期的轮船采用的都是明轮推进器，就是在船身两侧安装上类似车轮的装置，一半浸在水中，一半露在水面上，利用明轮转动、叶片拨水来推进船舶。船在行驶过程中，蒸汽机将动力传给明轮，圆圈旋转，带动宽板交替着划水，船就自然运动起来了。但明轮的结构笨重，叶片大部分露出水面，使船舶不能稳定航行，特别是在风浪中更容易出事故。

▼ 明轮船

▲ 螺旋桨

蒸汽轮机和螺旋桨

蒸汽机的首次应用是在明轮船上，随后出现了螺旋桨。螺旋桨一般安装在船的尾部，完全浸在水中。桨叶有一定的扭曲角度，在旋转中，能够对水产生向后的推力。船体在反作用力的推动下，向前行驶。由于螺旋桨在动力效率上具有优势，迅速取代了明轮而成为现代船舶最普遍的推进方式。蒸汽轮机相较于风帆动力有着更好的可控性，不过由于蒸汽机体积大、功率小、效率低，所以，蒸汽机轮船也逐步被淘汰。

燃气轮机

蒸汽机后出现了外燃机和内燃机，它们的原理简单来说就是将化学能转化为热能，进而转换为机械能。现代船舶多采用燃气轮机，这种发动机的工作特点是燃烧时产生高压燃气，利用燃气的高压推动燃气轮机的叶片旋转，从而输出动力。燃气轮机使用范围很广，多用于军舰及大型船舶。

核动力船舶

目前最先进的船舶动力当属核动力，也就是利用可控核反应来获取能量，从而得到动力。核动力的优势在于其强大的持久性，一般核动力航母的动力可以维持 10~20 年，这是任何动力所不能及的。但核动力高昂的价格使其推广受到很大的限制，因此大多用于军事舰艇。

寻根问底

螺旋桨的鼻祖是什么？

竹蜻蜓是一种用竹片削成的玩具，由几片叶片组成，中间插一根竹竿，用力一搓竹竿，叶片就会飞起来。它是我国古代的一大发明，明朝时传到欧洲。后来，德国人就根据它的形状和原理发明了直升机上的螺旋桨。

▶ 核动力潜艇

现代船舶制造

1879 年，世界上第一艘钢船问世，从此船舶进入了以钢船为主体、以机器为动力的时代。现代船舶由成千上万个零件构成，几乎与各个工业部门都有关系。由于航运的发展和军事上的需要，现代船舶趋于大型化和专业化，造船技术随之迅速发展，造船业已成为世界上最主要的重工业部门之一。

设计工作

要造出一艘轮船，就必须先进行设计。从外形到内部结构，都需要设计人员按照一定的比例，一笔一笔地勾画出来。造船工程师要根据人们的实际要求，如载货量、航速、主尺度等，按照船舶设计建造的规范设计船舶。整个船舶设计除包括船体设计外，还包括船上所用的各种动力装置、机械设备、电器设备的选用。

▲ 船舶的设计图和模型

按比例放样

有了施工设计图后，船厂要先以 1 : 1 的比例把产品或零部件的实形画在放样台上，核对图纸的安装尺寸和孔距，再采用合格的样板在钢板上画出零件的形状及切割、铣刨、弯曲等加工线以及钻孔、冲孔的位置，并标出零件编号。

船体零件加工

在对船用钢板进行预处理与成形加工后，工人就会按照画在材料上的轮廓进行切割，再将材料进一步加工成船体的各个零件。工人按照上一步在钢材上画出的船体零件实际形状，利用剪床或氧乙炔气割、等离子切割进行剪割。对于具有曲度、折角或折边等空间形状的船体板材，在钢板剪割后还需要成形加工。随着数字控制技术的发展，船体零件加工已经从机械化向自动化发展。

▲ 激光切割材料

装配焊接

船体结构的零部件加工好后，就要送到装配车间组装成整个船体。装配工人按照图纸把各个部件安放在适当的位置，由焊接工依次进行焊接。有些部件还需要借助吊车的力量将其吊起，再进行焊接。一般来说，整个船体组装工作分为部件装配焊接、分段装配焊接和船台装配焊接三个阶段。这些工作一旦完成，船舶的外形就大致形成了。

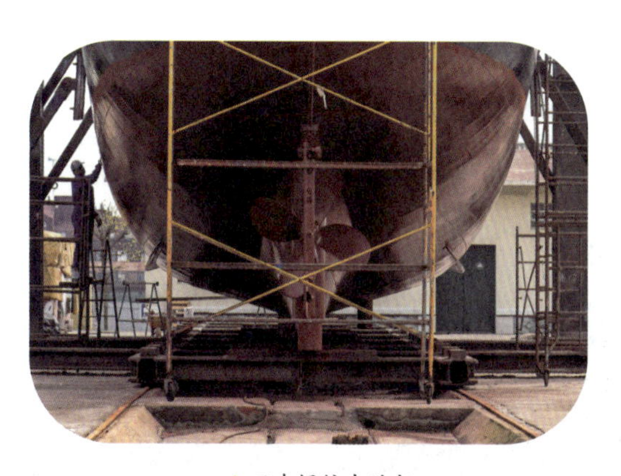

▲ 正在焊接中的船

船舶下水

船舶基本组装完成后，就可以下水了。船舶下水方式大致分为倾斜滑道下水、船坞下水和机械下水三大类。倾斜滑道下水依靠船舶的自重滑行下水，机械下水则利用小车承载着船体在轨道上牵引下水，多用于内河中小型船厂。而大多数造船厂会在低于海平面的地方将船造好，下水时打开阀门让水流入，船自然就浮起来，驶进河流或海洋了，这种下水方式就是船坞下水。

◀ 准备下水的船舶

见微知著　船坞

船坞是用于修造船舶的水工建筑物，是修理和建造船舶的场所，可分为干船坞和浮船坞两大类。干船坞的三面接陆、一面临水，可用于造船或修船；浮船坞则能够在水上自由沉浮和移动，主要用于修船，还可用来打捞沉船。

船舶标志

船舶制造好后，还会在船身上做各种标志。船舶不仅仅看起来庞大无比，就连它们的标志也比汽车复杂得多。一部汽车最为明显的标志就要数它的品牌标志了，而船舶则大为不同。船舶标志除了船名、载重量等基本信息外，还有一些像信号旗的特殊标志，只有按照这些标志来操作，才能够保证船舶安全航行。

船名标志

一般来说，一艘船上应该有以下几种标志：船首两舷和船尾标明船名，船尾船名下方标明船籍港，船首和船尾两舷标明吃水标尺，船舶中部两舷标明载重线。船舶的船名标志有一套严格的规则，船名应以正楷中文自船首至船尾或自左而右横向焊刻于外板上，暗底漆以白色，明底漆以黑色或裹以黄铜色表示。船名字体大小即每字长或宽按其总载重量来算，满5万千克而未满10万千克的不得小于25厘米，满10万千克的不得小于30厘米。

船名

载重标志线

为保证船舶航行安全，人们会在船舷处勘划上船舶在不同海区和季节须相应使用的负载量标志，这就是载重标志线。载重标志线包括一个外径30厘米、线宽2.5厘米的圆环，和一条与圆环相交、长45厘米、宽2.5厘米的水平线，线的上边缘通过圆环中心。各载重线与一根位于圆环中心前方的垂直线相垂直，分别表示夏季、冬季北大西洋、热带、夏季淡水、热带淡水等载重线。载重线的上缘就是船舶在该水域和该季节中所允许的最大装载吃水的限定线。

TF表示热带淡水载重线，F表示淡水载重线，T表示热带海水载重线，S表示夏季海水载重线，W表示冬季海水载重线，WNA表示北大西洋冬季载重线。中国则以"RQ""Q""X""D"和"BDD"代替"TF""F""T""S""W"和"WNA"

船舶公司旗

无论是在海上航行还是港口码头停靠的各种船舶的烟囱上，我们都能清楚地看见颜色不同的图案或文字，这些都是轮船公司旗的标志。它的颜色和图案一般是由船舶所属国家的国旗派生而来的。一艘万吨轮的烟囱很大，它的功能除了排烟之外，还起到装饰和美化船舶的作用。如果把烟囱当作船舶的帽子，那么船公司旗的标志就像帽徽，方便人们在茫茫海域中确定船舶的身份。

国际信号旗

早在18世纪末，信号旗就作为军舰和商船的重要通信手段，被各国广泛采用。国际信号旗系统是一种船只间的旗帜沟通系统，让船只能快速清晰地表明自己的意图。国际信号旗是用红、黄、蓝、白、黑几种颜色组成不同的几何图案，多数旗用两种颜色，少数为单色、三色或四色。每一面信号旗都各自代表一个独立的含义，并且有既定标准。一面或多面旗帜可组成代码，而沟通双方都能查阅代码手册而了解其含义。

寻根问底

一套国际信号旗共有多少面？

一套国际信号旗共有40面，包括26面字母旗、10面数字旗、代替字母旗或数字旗的3面代旗和1面回答旗。而军舰上除了这4种信号旗外，还会多1面执行旗、4面方向旗和1面国际回答旗，共46面。

现代船舶的种类

船舶是各种船、舰、艇、筏以及水上浮动作业平台等的统称。船舶有不同的分类标准，按航行区域可分为海洋船舶、港湾船舶和内河船舶；按推进动力分为人力推进船、风力推进船、蒸汽动力船、内燃机船、核动力船和电力推进船；按造船材料分为木质船、水泥船和钢质船等。而通常人们会按用途将船舶分为民用船舶和军用舰船两大类。

▲ 油轮

运输船

民用船舶俗称轮船，种类繁多，通常按用途分为运输船、渔业船、工程船和工作船。运输船主要有客船、货船、推船、拖船、驳船以及渡船。拖船主要用来拖曳没有自航能力的船舶、协助大型船舶进出港口、靠离码头或救助海岸遇难船只；推船是用于顶推非自航货船的船舶；驳船泛指一切本身没有自航能力需拖船或推船带动的货船；渡船则是航行于江河两岸渡口或海峡、岛屿间的短途运输船舶。

渔业船

渔业船分为四类：直接从事渔捞生产的船，包括拖网渔船、围网渔船、延绳钓渔船、机械化渔船等；专门从事水产品冷藏加工的船舶，像加工母船等；专门从事收鲜、运输的船舶；以及专门从事渔政、救助和渔业调查、实习的船舶。

▼ 运输海鲜的冷藏船

▲ 海上石油支持船

工程船和工作船

工程船是为某种水上或水下工程的需要而设计建造的一类船，一般分为三类：海洋开发船，包括钻井船、采油平台、海洋调查船、教学实习船和海洋环境保护船等；航道工程船，主要有挖泥船、助航船、破冰船、打捞船和炸礁船；专业工程船，如起重船、修理船、打桩船、海底敷管船及布缆船等。工作船则是为港口业务服务的专业工作船，主要有引航船、交通船、供应船、消防船、港作拖船、综合性垃圾处理船和医院船等。

战斗舰艇

军用舰船是执行战斗任务和军事辅助任务的各类舰船的总称，根据使命和任务的不同分为战斗舰艇和辅助舰船两大类。战斗舰艇是指各种具有直接作战能力的舰艇，分为水面战斗舰艇和潜艇。水面战斗舰艇主要包括航空母舰、战列舰、巡洋舰、驱逐舰、护卫舰、军用快艇、猎潜艇、布雷舰艇、扫雷舰艇、鱼雷艇、导弹艇、炮艇以及登陆舰艇等。

寻根问底

军用舰船中的舰和艇有什么不同？

军用舰船的种类很多，大小也各不相同。通常人们把正常排水量在 500 吨以上的军用船舶称为舰，如航空母舰，把正常排水量在 500 吨以下的军用船舶称为艇，如导弹艇。但潜艇无论大小都称为艇。

辅助舰船

辅助舰船又称为勤务舰船，是海军各种不具备直接作战能力仅负责海上军用物资和技术保障任务的船舶，包括航行补给船、维修供应船、运输船、医院船、打捞救生船、工程船、海洋调查船、研究试验船、情报支援船、训练舰艇及基地勤务船等。

▼ 打捞船正在进行演习，试图救援一艘潜艇

现代舰船的性能

舰船在航行中经常会遇到狂风骇浪或急流险滩，军用舰船还要经受激烈的战争对抗，因此必须具备良好的性能。舰船的航行性能不仅是日常生活中安全航行的根本，还是保障舰艇在海上作战时攻击性能和防御性能得以实现的基础。一般来说，舰船的航行性能主要取决于舰船的主尺度、排水量、快速性、续航力、自给力及抗沉性等。

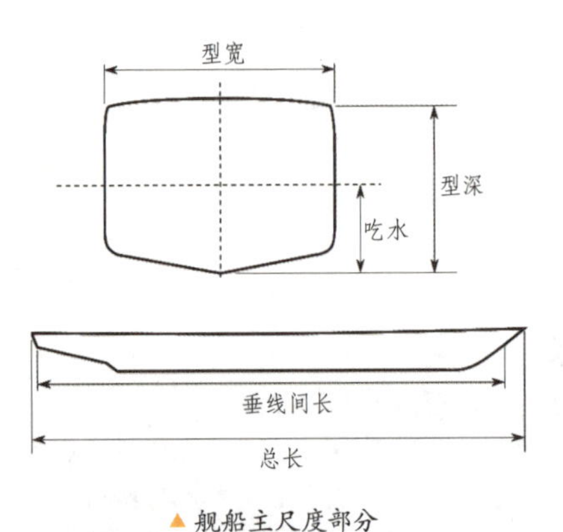

▲ 舰船主尺度部分

舰船主尺度

舰船主尺度指船体外形大小的基本度量，包括船长、船宽、吃水和舷高等，通常以米为计量单位。船长指船体形表面包括两端上层建筑在内最前端和最后端之间的水平距离；船宽是包括外壳在内的舰船最宽处的宽度；舷高是船体中横剖面处从底龙骨线至上甲板边缘线的垂直距离，其中水线以上的舷高称为干舷高；吃水则是从底龙骨到水线面的铅垂距离，是舷高减去水线以上干舷高的那部分高度。

舰船排水量

舰船排水量是舰船浮于静水中，保持静态平衡时船体入水部分所排开的水的重量，以吨为单位。水面舰船的排水量通常按载重状况分为五类：空载排水量，指装备齐全但无载重时的排水量；标准排水量，包括空载排水量加上全额的人员、淡水、粮食、弹药、供应品、给水以及锅炉和冷凝器内一定水位的水；正常排水量，等于标准排水量再加上50%燃料、滑油及锅炉给水储备量；满载排水量，等于标准排水量再加上保证航程所需的全部燃料、滑油及锅炉给水的总储备量；最大排水量，是满载排水量再加上附加的作战储备和额外的燃料、油类和给水储备，其数量应装满所有的储放舱柜。

▲ 不同水域的水密度是有差异的，当船舶从海域驶入内河或由内河出海时，船舶的吃水会有所变化，而船舶的总重量不变，其排开水的重量同样保持不变，即船舶的排水量不因所处水域水密度的变化而有所不同

目前大的舰船例如航空母舰、导弹驱逐舰等，航速都在30节左右

舰船航速

舰船航速是舰艇航行时相对于水的运动速度，一般以节为单位，1节等于1海里/时。航速按使用时机和条件可分为实际航速、经济航速、巡航航速、全速和最大航速等。经济航速是舰艇航行平均每海里消耗燃料量最少的航速，巡航航速是舰艇在巡航时常用的速度。全速是舰艇主机长时间以额定功率工作可以达到的最高航速；最大航速则是舰艇主机以最大功率工作可达到的最高航速，一般只在战时及突发情况下使用。

见微知著　海里

海里是海上测量距离的单位。世界上大多数国家采用国际海里，它相当于地球纬度44°30′处地理子午线1分的弧长，合1 852米，也就是说1海里等于1.852千米。1节等于1海里/时，也就是每小时行驶1.852千米。

舰船续航力

舰船续航力指舰船连续航行的能力，具体来说就是舰船一次装足燃料、机械用水和滑油，以规定的航速航行时所能达到的最大距离。舰船续航力是舰艇战术技术性能的要素之一，它决定舰艇作战半径的大小。我们通常介绍续航力时一般是指以经济航速测算的续航力。

核燃料的能量极大，因此核动力潜艇续航力的主要限制因素是机械、设备等的持续工作时间

未来的船

随着科学技术的高速发展，科学家们也在不断地构想设计着更加先进的船舶，以适应未来更多的需要。这些设想中的先进船舶使用起来会越来越快捷，也越来越舒适安全。总的来说，未来的船舶都是朝着这几个目标发展的：能在水下航行、越来越快的速度、更低的能耗、更多的功能、更方便的设计和更先进的装备。

无人驾驶船

从20世纪60年代开始，自动化船舶就出现了。它的根本目的是减轻船员的体力劳动，保证船舶航行的安全，进一步向无人船舶方向发展。目前，美国、韩国等国家已经开始研制无人驾驶船。这种船的船身各部位都安装有摄像头，用以采集全景图像。操作人员只要稳坐在岸上的某处，通过稳定的通信系统接收传感器发回的实时数据，就能完成航行任务。也许在不久的将来，人类就将开启无人船的时代。

超导电磁船

超导电磁船是一种既没有螺旋桨又没有舵的现代船舶，它的底部布有超导电磁线圈，通电时会在船体四周产生强大的磁场，同时通电的电极板会使周围的海水带上电，从而产生一种电磁推力，推动船只向前行驶。超导电磁船有很多优点，它的速度快、推进效率高、控制性能好，而且噪声小、无污染、易于维修，适用于多种用途。现在，一种具有优异性能的军用超导潜艇也已问世。相信随着超导技术的不断完善，动力先进、隐身性好、攻击力强的小型高速超导潜艇也将成为未来海战兵器中一颗耀眼的新星。

▼ 军用舰船和科考船应该是最适合无人驾驶的两个方向。由于军用舰船和科考船的航行环境恶劣，船员面临的风险更大，用无人驾驶船舶可减少在人员方面的伤亡

瑞典"维斯比"级隐形护卫舰是世界上第一只按照全隐形规范由碳纤维制造的战舰,即使使用最新、最尖端的雷达和红外监视,也极难侦测到它

聚焦历史

早在二战期间,苏联就曾试图研制飞行潜艇。20世纪60年代,美国也曾进行过这种新型飞行潜艇的设计,但由于经费投入严重不足,最终只能作罢。2008年10月,美国军方又准备斥资30亿美元,开始研制飞行潜艇。

隐身舰船

隐蔽性是未来军用舰艇发展的一项重要性能。隐身技术的应用自第二次世界大战(以下简称"二战")初期出现以来,到20世纪80年代产生了重大的突破,进入90年代后,海战隐身武器的发展十分迅猛。除了小型舰艇外,大型舰艇的隐身功能也越来越受到重视。未来隐身航母将采用尖削舰首、平坦的上层建筑,降低干舷高度,同时考虑红外隐身、声隐身等措施。与传统航母相比,未来的新型航母在设计与技术上将有历史性的突破。

飞行潜艇

未来潜艇的设计可能借用飞机的飞行原理,既能将双侧机翼折叠起来潜水航行,也能伸展双翼在空中飞行。这种两用武器面临的挑战十分巨大:飞机为了能飞上天空,重量必须尽量轻;而潜艇为了对抗水压,必须有厚重的舱壁。飞机依靠机翼提供升力,而潜艇则通过调整浮力上升或下沉。要制造出既能上天又能入海的会飞的潜水艇,就要先解决这两个技术上的难题。

飞行潜艇想象图

民用船舶

民用船舶俗称轮船，与火车、汽车、飞机并称为世界四大交通工具。如今，人们不仅可以乘坐客船来一段惬意的海上旅游，还能用货船将不同的货物运向世界各地。除此之外，还有一些特殊种类的民用船舶，可以帮助人们创造利润，如渔船、工程船等，它们帮助人们积累了无数的财富，直到今天仍在不知疲倦地工作着。随着科技的进步，一些新型的高速船舶也蓬勃发展着，如气垫船、水翼船、双体船等，它们的普及进一步丰富了人们的生活。

客 船

客船又称客轮，是专门用来运送乘客的轮船。在广泛发展洲际航空之前，国际邮政业务主要由快速海洋客船承担，所以这种客船又叫邮轮。客船不仅能带人们去欣赏美丽的海洋风景，还为人们提供了舒适的居住环境。它的特点是快速、平稳、灵活、安全、可靠和舒适。为了使乘客在漫长的旅程中不会感到劳累，客船的功能也在不断完善。

▲"珍爱"号客轮上拥有 1 751 个舱房、26 部电梯和 18 层甲板

造型设计

客船的造型设计大方、美观，甲板层数多，上层建筑丰满，首尾大都呈阶梯形，整个上层建筑呈流线型，以减少空气阻力。客船的顶层两边停放着数量较多的救生艇和救生工具，各层甲板间还设置了众多居住舱室和各种生活文娱设施，以保证旅客能在航行中得到良好的休息，愉快地度过旅途生活。

客舱布置

客船上的客舱通常分设一、二、三和四等舱。一、二等舱设在较高的上层甲板的前部和中部，这里视野开阔，生活娱乐较方便，舱内生活设施较好，布置豪华。三、四等的普通客舱大都设在上甲板和上甲板以下的各层甲板内，室内陈设一般，居住人员也较多。

▼豪华客船

“水上城市”

客船上还有为旅客提供方便舒适的生活和娱乐的公共舱室，如餐厅、俱乐部、阅览室、小卖部、邮局、理发室、医疗室等，在一些大型的客船上还设有游泳池、影院、酒吧、舞厅、吸烟室、运动室、溜冰场等。客船的前、后部除有宽阔的内走道外，往往在各上层甲板的两舷还设有外走道，可兼作旅客散步休息和观赏外景的游廊。客船上有专设的发电站，供应船上照明和其他用电。另外，客船上系统的排污设施，齐全的通风、取暖、空调设备，可靠的报警、消防、救生设备等一应俱全，是名副其实的“水上城市”。

▲ 客船上的露天游泳池

聚焦历史

19世纪中叶，欧洲移民大量涌向美洲，旅客众多，客运兴旺，进而促进了欧美间的大西洋航线上客运的繁荣。这段时间是客船兴盛繁荣的时期，欧美各国竞相建造更加快速、更加豪华的大型客船，堪称“客船的黄金时代”。

客船的类型

一般来说，客船可以分为远洋客轮、沿海客轮、内河客轮、旅游船、渡轮等。远洋客船是航行于各大洋之间的运送旅客的大型客轮；沿海客轮是航行于沿海各港口之间的客轮，其航线距离海岸不远；内河客轮是航行于江河湖泊之上的客轮；旅游船以运载游客进行水面观光、旅行、游玩为目的；渡轮则是运送旅客渡江或渡过海峡的船。

▲ 渡轮

发展现状

20世纪中叶后，由于航空运输的发展，海上客船已逐渐转向沿海和近海短程运输。但近年来旅游业的兴盛又给海洋客运带来了新的繁荣，发展新一代的客船以适应新形势的需要也逐渐迫切起来。另外，内河客船仍是许多国家的重要客运工具。

世界著名邮轮

随着航空业的出现和发展，原来的跨洋型邮轮基本上退出了历史舞台。现在所说的邮轮，实际上是指在海洋中航行的旅游客轮。世界上有许多著名的豪华邮轮，上面不仅设备齐全，而且装潢豪华。大多数豪华邮轮上还设有游泳池、电影院、舞厅等，使乘客能吃得丰富、住得舒适、玩得尽兴，体验到宾至如归的感觉。

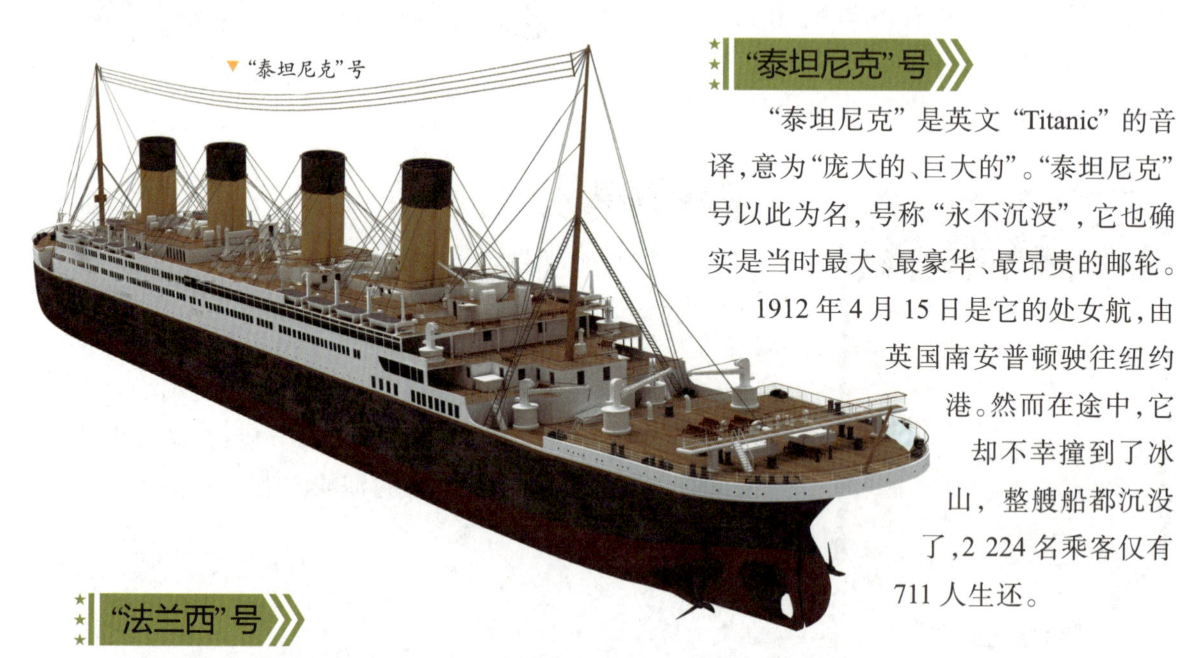

▼“泰坦尼克”号

“泰坦尼克”号

“泰坦尼克”是英文“Titanic”的音译，意为“庞大的、巨大的”。“泰坦尼克”号以此为名，号称“永不沉没”，它也确实是当时最大、最豪华、最昂贵的邮轮。1912年4月15日是它的处女航，由英国南安普顿驶往纽约港。然而在途中，它却不幸撞到了冰山，整艘船都沉没了，2 224名乘客仅有711人生还。

“法兰西”号

“法兰西”号是航行在20世纪60年代大西洋上的豪华邮轮，它最具特色的地方就是它的防火措施。船上没有木制品，连装饰用品都是用耐热防火材料制成的。此外，它还有独特的双层船壳设计，在船身不幸穿洞的情况下，可以迅速关闭59扇钢门，防止水灌进船身。

寻根问底

“海洋量子”号是哪个邮轮公司生产的？

“海洋量子”号邮轮是美国皇家加勒比邮轮有限公司生产的。皇家加勒比国际邮轮是全球第二大邮轮品牌，旗下共有量子、绿洲、自由、航行者、灿烂、梦幻和君主7个船系的23艘大型现代邮轮。

▲“法兰西”号

▲“玛丽女王”2号

“玛丽女王”2号

“玛丽女王”2号被称为君临海洋的“女王”，于2002年开始建造，历时17个月建成，2004年1月进行处女航。它创造了很多个邮轮家族的世界之“最”，是当时世界上最长、最高、吨位最大、最豪华的邮轮。邮轮以英国女王的祖母——玛丽王后的名字命名，船上除了有剧院、赌场、天文馆和一个拥有8 000本藏书的图书馆之外，还有一个面积1 800平方米的游泳池，为游客提供舒适的服务。

▲“海洋绿洲”号

“海洋绿洲”号

“海洋绿洲”号豪华邮轮是世界上最大的超级邮轮。它拥有16层甲板和2 000个客舱，可乘载6 000名乘客，船上还拥有一座大型购物商场、众多酒吧饭店、一座足球场大小的户外圆形剧场以及攀岩墙等体育设施。“海洋绿洲”号于2009年11月下海进行处女航，它的吨位达22.5万吨，船长361.8米，高72米，在海上航行时，就像一座“旅行的城市”。

“海洋量子”号

“海洋量子”号豪华邮轮是全球邮轮史上的又一次重大飞跃。这艘邮轮于2014年9月开始下水试航，拥有诸多前所未有的突破性设施。例如，跳伞体验能让游客在百米高空体验惊险刺激的空中之旅，海上最大的室内运动及娱乐综合性场馆则配备了碰碰车和旱冰场等设施，还有迄今为止最大且最先进的邮轮客房，绝对称得上是世界最先进的邮轮之一。

▲“海洋量子”号

嘉年华邮轮

"嘉年华"系列邮轮指的是美国嘉年华邮轮集团生产的邮轮。该集团成立于1972年，总部位于美国佛罗里达州的迈阿密市。如今，嘉年华邮轮集团已经发展成为全球第一的超级豪华邮轮公司，拥有24艘8~12万吨的大型豪华邮轮，以及28 000名船员和5 000名员工。"嘉年华"系列邮轮也被誉为"邮轮之王"，为世界各地的游客提供着最好的服务。

"嘉年华胜利"号

"嘉年华胜利"号于2000年修造，它的排水量为10万吨，船长272.19米，属于嘉年华邮轮公司凯旋系列邮轮之一。邮轮上拥有上千间不同级别的客房，可供3 000多名客人住宿。不仅如此，"嘉年华胜利"号还是一个巨大的游乐场，船上有一个相当于3个橄榄球场大小的室外娱乐区域，里面有小型高尔夫球场、运动公园、乒乓球台等，室内还另外设有赌场、健身房、儿童乐园、网吧、商店、舞厅，以及一个可以容纳2 500人的豪华剧场。

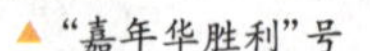

▲"嘉年华胜利"号

"嘉年华自由"号

"嘉年华自由"号建造于2007年，排水量11万吨，船长290.17米，是嘉年华征服级中第一艘专门针对想要享受安宁的人群设计的舰只。"嘉年华自由"号甲板上拥有18间奢华SPA海景套房，船上有多样化的美食佳肴、丰富的娱乐活动、免税商店、酒吧及俱乐部，还有全新的嘉年华海上剧院，以超大的屏幕为旅客播放电影、运动比赛、音乐会等各种精彩的节目。

◀"嘉年华自由"号

“嘉年华微风”号

▲ “嘉年华微风”号上的娱乐设施

“嘉年华微风”号是一艘排水量高达13万吨的超级邮轮，于2012年6月在欧洲首航。它主要面向年轻人群，十分适合亲子同游，是一家人休闲娱乐度假的好去处。船上除了有游泳池、水上乐园、高尔夫球场等常规邮轮设施外，还有适合2~11岁儿童游玩的活动营地、适合12~14岁少年游玩的娱乐中心，以及适合15~17岁青少年的O2俱乐部等。另外，“嘉年华微风”号上还新加了一种名为“海湾阳台”的客舱，特点是靠近水上活动场所，并且能够连通几个客舱，是团体旅游的理想选择。

见微知著　**公主邮轮**

公主邮轮是全球第三大邮轮品牌，隶属于嘉年华集团，拥有18艘豪华邮轮的强大阵容。其中，著名的有“加勒比公主”号、“钻石公主”号、“海洋公主”号、“红宝石公主”号、“蓝宝石公主”号及“翡翠公主”号等。

下属船队

除了“嘉年华”系列邮轮外，嘉年华集团下属的邮轮团队还包括公主邮轮、荷美邮轮、歌诗达邮轮、冠达邮轮、世朋邮轮以及风之颂邮轮等。这些成员公司都作为独立的品牌各自经营，为具有不同生活方式和预算的客户提供邮轮度假产品。船队全年在欧洲、加勒比海、地中海、墨西哥和巴哈马航行运营，邮轮上的秀场节目与娱乐设施应有尽有，让旅客在船上宛如天天参加嘉年华盛会。

▼ 邮轮上的露天游泳池

货 船

顾名思义，货船就是以载运货物为主的专用船舶。货船的载客人数不超过12人，船上除供船员住宿、生活和装有各种必需设备的舱室外，大部分的舱室都作为装运货物的舱室。在海洋和内河上航行的主要船舶中，除客船外，数量最多的就是货船。凭借着水对船的巨大浮力，货船将整船的货物由一地运往另一地，承载着世界各国的贸易交流。

货船的分类

货船可以分为很多类，主要有普通货船、散装货船、冷藏货船、液体货船、集装箱船、滚装船等。普通货船又称杂货船，是干货船的一种，主要装载一般包装、袋装、箱装和桶装的件杂货。这种货船上的建筑矮小，生活设施比较简单，甲板层数也不多，但是它拥有宽敞的货舱。在出发前，人们先将货物打包装箱，然后用船上的吊杆或者其他起重设备将货物吊到船上，最后将货物在货舱内安放整齐。除了干货船外，还有专门载运油、酒、液化气、氨水及其他化学药液等的液体货船。

干货船

煤炭船

散装货船

谷物、沙石、煤炭、化肥、水泥等一些不具有固定形态的散状货物，需要特殊的散装货船来运载。为了方便装卸，这类货船的货舱口一般都比较大。另外，因为有些货物很重，比如沙土、钢材等，所以散装货船的结构设计非常坚固。

▲ 冷藏货船

冷藏货船

有些货物很容易在短期内腐坏，为了保鲜，就出现了冷藏货船。它在外形上与普通货船没有什么区别。但是在内部，整个船舱都利用特殊的制冷装置降温，船体甲板和货舱壁也都装有特殊的隔热材料。整条船在航行途中就好像一个大冰箱，装载着鱼、肉、蔬菜等新鲜食物。

滚装船

滚装船是利用运货车辆来载运货物的专用船舶，利用牵引车或叉车直接将货物运送到货舱内，又称“滚上滚下船”。它的装卸效率高、水陆连通，十分方便。船内设有很多层甲板，用来安放货物；还有特别设计的跳板、可活动的斜坡道和升降平台，供运输货物的车辆行走。

▲ 滚装船装卸效率高，能节省大量装卸劳动力，减少船舶停靠时间，提高船舶利用率

集装箱船

采用集装箱运输是现代使用较多的一种海上运输方法。集装箱船没有内部甲板，机舱设在船尾，船体其实就是一座庞大的仓库。因为集装箱都是金属制成，而且是密封的，所以里面的货物不会受雨水或海水的侵蚀。集装箱具有统一的规格，将零散的货物装进集装箱，便于安放整齐。集装箱船一般停靠专用的货运码头，用码头上专门的大型吊车装卸，效率要比普通杂货船高出几十倍。

★聚焦历史★

第一艘集装箱船是美国泛大西洋轮船公司于 1957 年用一艘货船改装而成的。它的装卸效率比常规杂货船高近 10 倍，停港时间大为缩短。从此，集装箱船得到迅速发展。1962 年，第一艘全新设计建造的集装箱船“伊丽莎白港”号正式投入营运。

▶ 集装箱船

油 轮

货船不仅可以用来运送固体货物，还能载运各种液体货物，油轮就是这样一种专门运输液体的船。虽然名字是“油轮”，但它的运载对象却不仅仅只是油，也可以用来运输其他液体，如液态的天然气和石油气等。由于大型油轮具有良好的性价比，因此在造船业发达的现代，世界各大国的海运巨头仍在竞相发展超级油轮。

油轮之最

世界上最大的油轮是“诺克·耐维斯”号油轮。它的船身有400多米长，比横躺下来的艾菲尔铁塔还长，因此，它还有一个名字，叫作“海上巨人”号。“诺克·耐维斯”号能够容纳将近410万桶的原油，船上安装有先进的自动化设备，只需三四十名工作人员就可以顺利航行。

▲“诺克·耐维斯”号油轮

基本结构

油轮本身被分为很多个储油舱，在运输之前，人们用油管将石油或需要运输的其他液体灌入舱内。纵向式的油舱设有纵向舱壁隔离，所以在没有完全装满的时候，船身也能够保持平稳。从安全角度出发，油轮的发动装置设在船尾。这是因为如果像其他船一样，把发动装置穿过油舱安装，就很容易因为可燃气体的外泄而引发爆炸事故。如今，装载易燃液体的油轮都使用将不燃气体充入油轮中空油箱的方法，来防止发生燃烧或爆炸的危险。

寻根问底

原油泄漏会造成什么危害？

原油泄漏事故不仅造成了原油的流失，而且对周围环境也造成了相当恶劣的影响。发生事故的海面被厚厚的原油覆盖，海洋动物和海鸟全身粘满油污，呼吸困难，附近的海滩上也是一片黑糊糊的景象。

双壳油轮

双壳油轮是拥有两层外壳的油轮。一开始建造双壳油轮的目的是节省运送需要加热的液体如沥青、糖蜜或石蜡时的能量和价格，因为两层壳的隔热性能比较好。而今天建造双壳油轮的动机则是提高其安全性，防止原油泄漏事故的发生。原油泄漏会造成相当恶劣的影响，因此国际海事组织规定从 2015 年后，只有双壳油轮才能在海洋上运行。

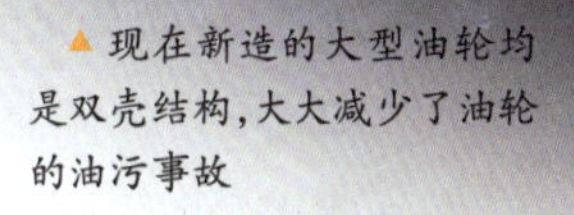

▲ 现在新造的大型油轮均是双壳结构，大大减少了油轮的油污事故

液化气油轮

气体的体积太大，只有在液化后才能经济、有效地海运。液化气油轮就是用来运送大量液化气的油轮。液化后的气体被送入船上的高压舱内，但在载货的过程中，它们有可能会重新气化。为了降低气化的可能，船上的油箱要尽量被密封起来。另外，并不是所有的液化气油轮都有自己的液化装置，有些船上没有液化装置，在载货之前高压舱内要装入不燃气体，以防止载货过程中发生气体爆炸。

▲ 液化天然气运输船

▲ 用来盛装运输液体货物的桶

特殊的油轮

除了运输原油，油轮还可以被用来运输其他液体。像葡萄酒等可食用的液体，在运输过程中就需要保证它不变质。一些需要保持特殊温度的液体，舱内就需要安排特殊的保温装置。所以说，根据不同液体的性质，对船舱的要求也不同。

渔　船

浩瀚的海洋中蕴藏着极为丰富的渔业资源，渔船就是进行鱼类捕捞、加工、运输，从事海洋渔业工作的船舶。人们通常说的渔船主要指用来进行鱼类捕捞的捕捞渔船，包括拖网渔船、围网渔船、刺网渔船、延绳钓渔船等。除此之外，渔船还包括专门从事渔产品冷藏加工、运输的船舶，进行渔业调查、指导、训练和执行渔政任务的船舶。

拖网渔船

拖网捕鱼是一种效果好、适用范围较广的捕鱼方法。据统计，全世界海洋渔获量的一半是由拖网捕得的。拖网渔船经常在海上长时间连续作业，因此要求渔船有较好的适航性和稳定性，航速要高，并要有足够的操作甲板面积和鱼舱容积。

▶ 拖网渔船

围网渔船

围网渔船使用一张略呈长方形的网具，利用网衣形成网墙，把鱼群困在网中。围网作业有单船和双船之分，单船作业由围网渔船带一个小艇，网索的一端系在小艇上，由小艇拖着网在鱼群外围航行，同时，渔船高速放网并迅速围成一个大圆圈，渔船和小艇会合后，收紧渔网，将鱼群围在网中；双船作业则是两艘船各载网的一半相背航行，各自将网放出，合围后将网收起。

▼ 双船围网渔船

刺网渔船

刺网渔船又称流网渔船，大都在百吨之内，一般在浅水作业。它的作业方式较为简单，采用悬挂在水中漂流的流网横拦在鱼群游经的水道上，当中层以上的鱼类随流游动触网时，就会被挂在网上，无法逃脱。刺网渔船的优点是作业机动灵活，不受渔场限制，网具能随水深调节，操作简便，同时还不损伤幼鱼，有利于保护渔业资源。

▲ 刺网渔船捕鱼

延绳钓渔船

和网类渔船相比，延绳钓作业受渔场的水深范围和风向、水流的影响小，可以根据渔场水域的深度和广度调节施放钓具，所以能充分利用渔场的面积，也能捕到分散的鱼群。而且，一般延绳钓渔船捕获的鱼类具有鲜度高、个体大及均匀等特点，有利于保护水产资源。延绳钓船以捕获热带金枪鱼为主，此外还用于捕获鲣鱼、鲔鱼及鳗鱼等经济鱼类。

见微知著　延绳钓

延绳钓是钓具中最主要的一种作业方式，适用于渔场开阔、潮流较缓的海区。在一根母绳上系上许多等距离的支线绳，支线绳的末端挂上钓钩和鱼饵，利用浮沉装置，通过控制浮标绳的长度和沉降力的配备，将钓具沉降到需要的水层。

现代渔船发展

现代船舶科技不断推动着渔船向机械化和自动化的方向发展，渔船上开始装备许多先进的导航和助渔仪器。新型的双体渔船和潜水渔船也得到了发展。双体渔船和相同排水量的单体渔船相比，具有速度快、稳定性好、甲板面积大等优点；潜水渔船在水中捕鱼不受海面风浪影响，同时打破了用网具捕捞的传统方式，不用起网和放网，为捕捞渔船带来了新的变革。

◀ 双体渔船

工 程 船

除了运送旅客和货物的客轮与货轮外，还有很多有着其他特殊用途的船，如海洋调查船、石油探测船、挖泥船、破冰船、打捞船、起重船、消防船等，这些船被统称为工程船。工程船是指在港区或航道上从事某种工程所使用的专用船舶，配备有先进的设备及优秀的工作人员。它们的用途虽然比较单一，但却是舰船家族中不可缺少的一分子。

海洋调查船

海洋调查船是专门用来对海洋进行科学调查和考察活动的工程船舶，它是开发海洋的尖兵。人类要有效地利用和开发海洋，必须具备丰富的海洋科学资料和广泛的海洋科学知识，而充实海洋科学知识宝库的重要手段，便是组织海洋调查船进行现场调查研究。海洋调查船可以用于完成海洋表面状态、海流结构、海洋水文气象、地球重力场和磁场、海底结构、海中水声传播规律、海洋生物及地核组成等多学科领域的研究考察任务，对发展科学、繁荣经济和巩固国防都有十分重要的意义。

寻根问底

工程船的作业内容有哪些？

工程船的种类繁多，能完成各种不同的任务，作业内容包括修建港口、助航设施、补给设施、水下试验场和水下工事，疏浚港池、航道和锚地，设置或排除水中障碍物，以及对其他船只的救助、打捞等。

挖泥船

挖泥船的任务是清除水道与河川的淤泥，以便其他船舶顺利通过。具体包括挖深、加宽和清理现有的航道和港口，开挖新的航道、港口和运河，疏浚码头、船坞、船闸及其他水工建筑物的基槽，以及将挖出的泥沙抛入深海或吹填于陆上的洼地造田等。挖泥船还是吹沙填海的利器。

◀ 挖泥船

打捞船

打捞船是一种用于水下打捞作业，如打捞水下沉船、沉物及水面漂浮物的船舶，船上通常有较宽的甲板用于布置吊杆、绞车及大型起吊设备。因为要迅速驶往打捞作业水域，尽快投入打捞作业，所以打捞船都具有航速高、耐波性良好的特点。另外，打捞船还有足够大的货舱容量，用来储藏打捞装备。

起重船

起重船又称浮吊船，主要用于水上的起重和吊装作业，船上装有吊机。起重船一般都不能自航，需要拖轮进行拖拽航行，但也有少数是可以自航的。与一般的货船上层建筑位于尾部不同，起重船的上层建筑一般都在船首部位，甲板两边配有管路通道，有些大型起重船还设有直升机平台。

▲ 起重船

消防船

消防船，顾名思义，就是用于扑灭海上火灾的船舶的统称，可分为专用消防船和兼用消防船两种。专用消防船上有消防泵、出水口、船用导航仪器等设备及各种灭火材料，主要用高压水炮对失火船舶或钻井平台进行灭火。此外，消防船上还有用于救援的快艇，能及时帮助被困人员离开火灾现场。

▼ 消防船

破 冰 船

每当冬季来临的时候，或者到了气候寒冷的地区，水面上就会结一层厚厚的冰，这无疑给轮船的航行带来了很大的障碍和安全隐患。为此，人们设计发明了帮助船只扫除冰层障碍的破冰船。破冰船是工程船的一种，专门用于破碎水面的冰层，开辟航道，保障舰船进出冰封的港口、锚地，或引导舰船在冰冻的水面区域航行。

建造破冰船

1898年，英国按照俄国海军上将马卡罗夫的设想，为俄国制造了第一艘大型破冰船“叶尔马克”号。很快，美国人就仿照俄国人的船制造了一艘1 000吨的破冰船。第一次世界大战（以下简称“一战”）中，由于军事上的需要，俄国制造了3艘3 000~6 000吨的大型破冰船，战后用它们开辟了北方航道。二战后，美国、加拿大、芬兰、瑞典等国也相继建造了一批破冰船。

动力源

大部分破冰船都采用柴油机作为动力源，用燃油燃烧产生的动力来带动电动机，再由电动机带动螺旋桨开始旋转，使船体前进。1957年，苏联制造出了世界上第一艘核动力破冰船，命名为“列宁”号。这艘船采用热核反应作为动力来源。核物质本身就凝聚有极大的能量，10千克铀提供给一艘破冰船的动力，相当于25 000吨煤燃烧后提供的能量。有了核动力的支持，破冰船就可以长期在远洋中工作，而不用担心能源问题。

▼ 破冰船

▲ 工作中的破冰船

工作方法

破冰船通常采用两种方法破除冰层。一种是利用船体自身的重量将冰层压碎。破冰船的船头是折线型的，能够与水面形成夹角，在开足马力的时候，船体就可以顺利地爬到冰层上面，靠船头部分的重量把冰压碎，继续前进。另一种就是撞击的方法，应用于较厚的冰层或者冰山。

螺旋桨的用途

安装在破冰船上的螺旋桨除了有推动船身前进的作用外，还有别的用途。在破冰船靠近船头的位置还安装有两个螺旋桨。工作中，这两个螺旋桨可以通过自身旋转将冰层下的水抽出，减弱水对冰层的支撑，较薄的冰层这时就会自己破碎。如果冰层较厚，船尾的螺旋桨给船体提供前进的动力，船身压在冰层上，缺少了支持的冰层也就很容易地被压碎了。

▲ 破冰船为其他船只开辟航道

特殊构造

破冰船具有特殊的使命，所以外形和构造也有它自己的特点。为了能够开辟出较宽的航道，破冰船的船身通常是短而宽的，船头外壳用很厚的钢板制成，目的是能够有效地打碎厚厚的冰层。另外，破冰船的船体内部有密集的钢结构作支撑，船身还由特制的抗撞击合金钢加固保护。

破冰船的船头外壳十分结实

聚焦历史

19世纪初，俄国北部沿海的渔民为了能在冬天捕鱼，发明了一种木质的雪橇形破冰船。使用时船上满载石头，人或牲畜站在冰面上牵引，船身爬上冰面，船首向上翘行，利用船体重量把冰压碎。这可以说是破冰船的雏形了。

水翼船

在对船舶的使用中，人们发现船在水中行驶时，水对船身会有很大的阻力，影响船只的行驶速度。于是，人们就开始想能不能让船底脱离水面，让船完全自由地在水面上“飞行”。可能有人会说这是天方夜谭，但是水翼船的出现让这一想法成为现实。水翼船是一种高速船舶，它像一只海鸟一样，张开“翅膀”就能在海面上高速航行。

开始研究

苏联是最早致力于水翼船研究的国家。1957 年，就有一艘名为“火箭”号的水翼船在伏尔加河上首航成功。苏联人从 1943 年就开始了对水翼船的研究，但第一艘水翼船并非出自他们之手。1897 年，生活在俄罗斯的法国贵族坎特・德・兰伯特按照水翼船的原理建造了一艘船。1905 年，意大利人福拉尼尼取得了水翼船的专利。

▲ 早期的水翼船

在水面飞行

水翼船有两只宽大、扁平的水翼，它们装在船底，就像是两只翅膀一样，能够托起船体。当水翼船开动时，空气在水翼上、下两面迅速流动，会给水翼一股向上的升力，船速越大，这个升力就越大。渐渐地，船体就会被整个推离水面。此时，水翼船就像是“踩”在了一副大型的滑水板上，船体不再受水的阻力影响，可以轻快地在水面上飞行了。

▼ 当船的速度逐渐增加时，水翼提供的浮力会把船身抬离水面，从而大大减少水的阻力来增加航行速度

不同的水翼

有些水翼船的水翼是固定不动的，这类水翼船主要有全浸式水翼船和割划式水翼船。全浸式就是指在航行时水翼完全浸没在水中，这种水翼需要特殊的收放装置；割划式水翼船在航行时，水翼会有一部分落在水面上划开水面行驶。而有些水翼船拥有可以活动的水翼，称为自控式水翼船，这类水翼船可以根据实际需要对水翼的方向进行调整，以适用于不同的水域。

主要结构

为了使船身更加轻便，水翼船的船身采用质量较轻的铝合金制成。而水翼由于需要长期浸在水中，并且在行驶中会与水面产生很大的摩擦，所以通常采用高强度的材料制成，比如钛合金。在驱动上，水翼船采用大功率轻型柴油机或燃气轮机，带动螺旋桨或喷水装置推动船身前进。

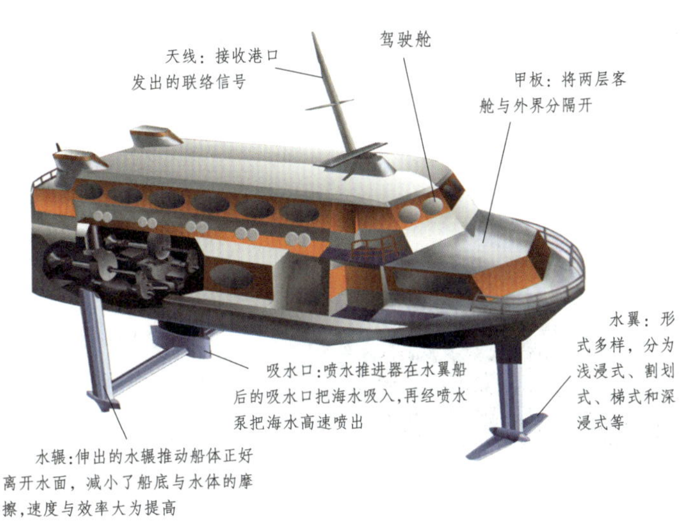

见微知著　全浸式水翼

该型水翼是倒T型的水翼，航行时总是保持在水下，受海浪的影响比U型的割划式水翼要小，因此在大浪的海上行走时更为稳定。但全浸式水翼不具备自我稳定的特性，所以必须不断改变水翼的攻角，以维持水翼飞航的状态。

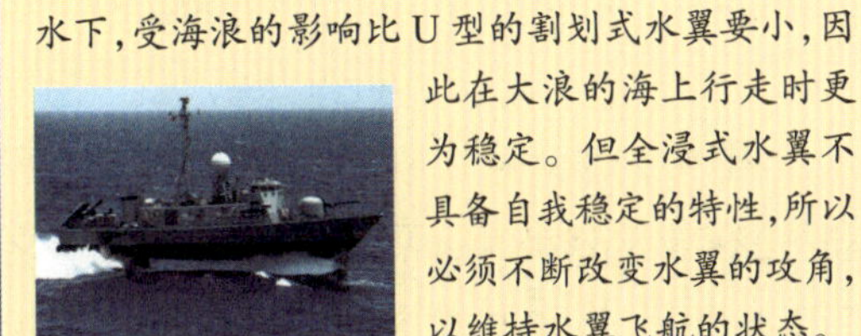

美中不足

人们发现了水翼船的优点，同时也看到了它的不足之处。由于水翼船在高速行驶中，只有水翼处在与水面接触的状态，也就是说是水翼和水翼支柱支撑着整艘船的重量，依靠水翼在行驶中产生的升力保持船体平衡，所以它的稳定性较差，在航行过程中受海风、海浪的影响较大。但是人们并没有停止对水翼船的研究，努力使它趋于更加完善。

▼水翼船

气垫船

传说中阿拉伯飞毯可以漂浮在空中，按照主人的旨意去往目的地。在现实中，人们也同样利用了这种漂浮的力量，发明出了气垫船。气垫船又叫“腾空船”，是一种以空气在船只底部衬垫承托的气垫交通工具。它不仅能在水面航行，同时还可以飞越急流险滩、草原、沙漠、沼泽、浅水区或冰封的海面等多种复杂的环境。

▲ 第一艘气垫船

第一艘气垫船

早在100多年以前，人们为了探索降低船舶航行阻力、提高船速的方法，就设想能否在船底与水面之间喷进高压空气，形成气垫，把船垫升到一定高度，使船体全部或部分露出水面，以减小船所受阻力，从而显著提高航速。到20世纪50年代，英国人考克雷尔等首创了较为完整的气垫理论。1956年，英国造出了试验气垫船，1958年建成了世界上第一艘气垫船。

聚焦历史

世界上第一艘气垫船是名为“SRN1”气垫船。该船长9.1米，船宽7.3米，总重3.05吨，船上装有一台功率为319.9千瓦的航空用驱动风扇活塞发动机。1959年7月，考克雷尔乘坐这艘气垫船进行横渡英吉利海峡的处女航获得成功。

独有的围裙

1960年，人们第一次在气垫船的船底周边装上了围裙，这就像在刚性的轮子上安上了轮胎一样，增加了船体与水面之间的距离，使气垫船能在波浪或崎岖不平的陆地上航行。之后，英、美等国不断对气垫船的围裙加以改进，并在改善飞升、推进和操纵性能方面做了大量的工作，使气垫船的发展只用了几年的时间就从试验阶段进至到商业运营阶段，走过了汽车、飞机等交通工具十几年甚至几十年的历程，发展速度是十分罕见的。

飞速行驶的气垫船

优点突出

气垫船有着许多突出的优点。它不仅具有独特的两栖性，还是一种高速船，最大航速一般可以达到 60~80 节，有的甚至可达到 100 节以上。此外，气垫船不需要特殊的码头设备，停靠和启动都非常方便，这也是其他船舶不能企及的。

在陆地上行驶的气垫船

两类气垫船

气垫船一般分为全浮式和侧壁式两大类。全浮式气垫船的船底四周安装了柔软性围裙，利用空气螺旋桨推进。它具有水上高速航行的能力，除了能在水上航行以外，还能在陆地运行。侧壁式气垫船的两舷有插入水中的刚性侧壁，首尾有气封装置保持气垫，采用水螺旋桨推进或喷水推进。它的阻力比全浮式要大些，且不具备两栖性，但它的航行性能和经济性较好，在军事上作为大、中型战斗舰艇有较好的发展前景。

迅速发展

自第一艘气垫船问世以来，民用和军用气垫船都取得了飞速的发展。民用气垫船用于内河和海上短途客运已日趋成熟，目前正向着提高速度、适航性、续航性及大吨位等方向发展。在军事上，气垫船已广泛用作登陆艇、巡逻艇、导弹艇和后勤供应艇等方面。

军用气垫船

双体船

近年来，越来越多的双体船占据了民用和军用船舶市场。它们新颖的外观、独特的综合性能受到世界各国的瞩目。双体船，顾名思义就是将两个单船体横向固连在一起而构成的船只。就像双层公交车一样，双体船一次性可以搭乘更多的乘客，节约了不少成本。由于有着宽大的空间，双体船逐渐成为近年来高性能船中发展最快、应用最广的一种。

早期双体船

人类最早使用双体船是因为发现将两艘船横向连接在一起，可以从内河到海上航行而不容易翻船。早期，人们将这种方法用在帆船上，建造了双体帆船，这种帆船在海上可以承受较大的风浪。在此基础上，人们又发现双体船与同样载重量的单体船相比，具有更大的甲板面积和舱容，因此又被用于货船之上。

双体帆船

现代双体船

现代双体船始于20世纪60年代，自问世以来得到了较快的发展，目前已用作客船、渡船和工程船等。近年来还出现了航行迅速、很有发展前途的小水线面双体船、穿浪双体船、复合型双体船和气垫双体船等。它们新颖的外观、独特的综合性能受到世界各国的关注。

现代双体船

▲ 民用双体船

结构特点

典型的高速双体船由两个瘦长的单体船(称为片体)组成,上部用甲板桥连接,甲板桥上部安置建筑,内设客舱、生活设施等。高速双体船由于把单一船体分成两个片体,使每个片体更瘦长,从而减小了兴波阻力,因此具有较高的航速。由于双体船的宽度比单体船大得多,其稳定性明显优于单体船。双体船不仅具有良好的操纵性,而且还具有阻力峰不明显、装载量大等特点,因此被世界各国广泛应用于军用和民用船舶。

见微知著 小水线面双体船

水线面指船吃水处与船体相交构成的剖面。小水线面双体船由没在水中的鱼类状下体、高于水面的平台和穿越水面连接二者的支柱三部分组成,水线面面积较小,受波浪干扰也较小,因此具有更优越的耐波性。

双体船进化

目前,双体船为满足使用要求大都在逐步向大型化发展。其中,小水线面船型将从双体演化成单体或三体、四体、五体等多体。为提高双体船在高海况下的航行能力,各国的研究方向大都集中在开发超细长体双体船的系统技术、优化线形设计和采用大功率喷水推进系统等方面。

动力双体船

双体船的一个最新发展是动力双体船,"动力"型双体船汇集了机动船的所有优点,并融合了多体船的很多特点。动力双体船通常使用两个瘦长的船体,多数配备涡轮喷气发动机推动,以喷射水流的方式把水快速推向船后。利用这种方式,动力双体船可获得巨大的向前推进力,比采用普通螺旋桨推动更快速,而在高速时,瘦长船身受到的阻力更会大幅降低。

▲ 三体船

水上小艇

轮船发展到现在，船身越来越趋于庞大化。客轮、货轮都以其自身的体积取胜，目的是为了能够承载更多的乘客和货物。但不是所有的水上旅行都需要“兴师动众”地动用这些大家伙，一些身形小巧的小艇成为人们的新宠儿。如今，水上小艇已经成为人们休闲娱乐的最佳工具，赛艇、摩托艇比赛都是备受人们关注的体育竞技比赛。

▲ 水上摩托艇

水上摩托艇

水上摩托艇因为其独特的造型常被人们戏称为“水上摩托车”。它不仅外形与摩托车相似，而且实际操作也和摩托车类似，需要驾驶者骑着才能前行，艇的前端同样有用来掌握方向和控制平衡的手把。水上摩托艇主要依靠内燃机驱动，行驶速度快，驾驶起来非常刺激，常常能溅起巨大的水花，目前主要用于娱乐和比赛。

摩托艇比赛

摩托艇运动起源于19世纪末，现已发展成为一种世界性的赛事。这种比赛通常都是以速度取胜，选手们通过行进起航或原地起航的方式开始比赛，有环圈比赛，也有距离赛。比赛中，选手们快速驾驶着各自的摩托艇，在比赛区域中飞速前进，其精彩程度不亚于陆地摩托车比赛。

休闲的游艇

游艇相当于一艘小型客轮，一般应用于海上的短途旅行和海上观光。游艇速度比较快，在旅行的途中让人们感受风驰电掣的刺激之感，也可以放慢前行的脚步，抑或是停在某片水域上让人们欣赏周围的风景。一般的游艇上通常都建有小型的建筑，生活设施齐全，给出海游玩的人们提供一个暂时休息和居住的舒适环境。

寻根问底

游艇上都有哪些配套设施？

中小型游艇一般有以下设施：下层有主人房、客房、卫生间；中层有客厅、驾驶舱和厨房；上层有露天望台和驾驶台，还有防晒和防雨的软蓬。大型游艇则更注重通信设备、会议设备、办公设备的配套安装。

皮划艇

皮划艇分为皮艇和划艇两个类别。皮艇起源于格陵兰岛上的爱斯基摩人制作的一种小船，这种船用鲸鱼皮、水獭皮包在骨头架子上，用两端有桨叶的桨划动；划艇则起源于加拿大，因此又称加拿大划艇。实际上，这两种艇都是由独木舟演变而来的。现代皮划艇作为一种运动项目，已经成为奥运会上的正式比赛项目，包括在静水水域举行的16项速度赛项目和在动水水域举行的 4 项急流回转赛项目。

▲ 皮划艇

充气艇

充气艇的体积小巧，靠船尾添加推进器来前进，航行速度可以显著提高，广泛应用于水上休闲、娱乐、钓鱼、捕鱼等水上作业。一般来说，充气艇整艇的充气浮力胎被隔成很多个独立的气室，有很高的气密性，在个别气室破损时，剩下的仍能保持足够浮力。即使相邻的两个气室甚至更多气室同时破损，整艇仍保有一定的浮力。

▲ 充气艇

军用舰船

随着战争从陆地扩展到水面，船舶也发展出一个独特的分支——军用舰船。军用舰船俗称军舰，是各国海军的主要装备，主要用于海上机动作战，进行战略突袭，保护己方或破坏敌方的海上交通线，进行封锁或反封锁，参加登陆或抗登陆作战，以及担负海上补给、运输、修理、救生、医疗、侦察、调查、测量和试验等保障勤务。它与民用船舶最大的区别就是装备有武器。军舰的发展代表着船舶发展的最高水平，也是人类造船业最新科技和智慧的结晶。

水面舰船的结构

军舰的结构包括舰船的各组成部分，是保证舰艇战斗、运输或其他使用要求的基础。水面舰船结构分为基本结构和专门结构。基本结构包括主船体和上层建筑，专门结构是适应特殊需要而设置的局部性结构。现代军舰船体结构材料多为钢质，有少部分采用铝合金、玻璃钢、水泥及木材等材料，钢质船体结构由钢板、型钢和组合型钢构成。

▲舰船上的武器装备

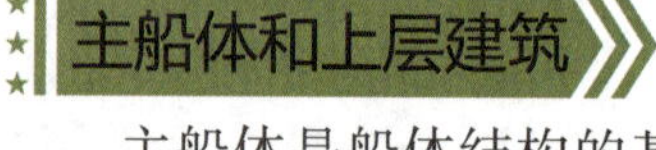

主船体和上层建筑

主船体是船体结构的基础，是由外板和最上一层甲板包围起来的水密空心结构，它必须具备可靠的水密性和足够的坚固性。上层建筑是水面舰艇船体最上一层纵通甲板以上的围蔽结构和附属结构的统称，包括艏楼、桥楼、艉楼，以及甲板室等各种建筑。桥楼中、下各层布置有电信室、雷达室、会议室、军官住舱、配餐室、餐厅和盥洗室等，其舱面平台设置有武器装备、雷达天线和无线通信天线。

聚焦历史

舰桥这一名称起源于蒸汽机明轮船时期。那时，舰船的操纵部位设在左、右舷明轮护罩间的过桥上，因此出现了“船桥”“舰桥”的称呼。后来虽然螺旋桨取代了明轮，舰桥也不再是桥了，“舰桥”这一名称却被继续沿用至今。

舰桥

舰桥是舰艇上层建筑中的航行、作战指挥及操纵部位，有封闭式和敞开式两类，包括露天指挥台、指挥室、驾驶室等。小型舰艇的舰桥即桥楼，常位于舰体中部。大、中型舰艇设有前、后舰桥，前舰桥在桥楼顶部的前端，后舰桥通常在后面甲板室顶部。航母和两栖登陆舰艇只有一个舰桥。

▲指挥室内部

甲板和舱壁

为了充分运用主船体内部空间并保证舰艇生命力，人们用甲板、平台和舱壁将主船体隔成不同用途的舱室。甲板是位于内底板以上、用于封盖船内空间并将其水平分隔成层的平面结构，由板和骨架构成。舱壁则是主船体内垂直的平面结构。横向装设的舱壁是横舱壁，纵向装设的舱壁是纵舱壁，承受规定压力、保证不透水的舱壁称为水密舱壁。

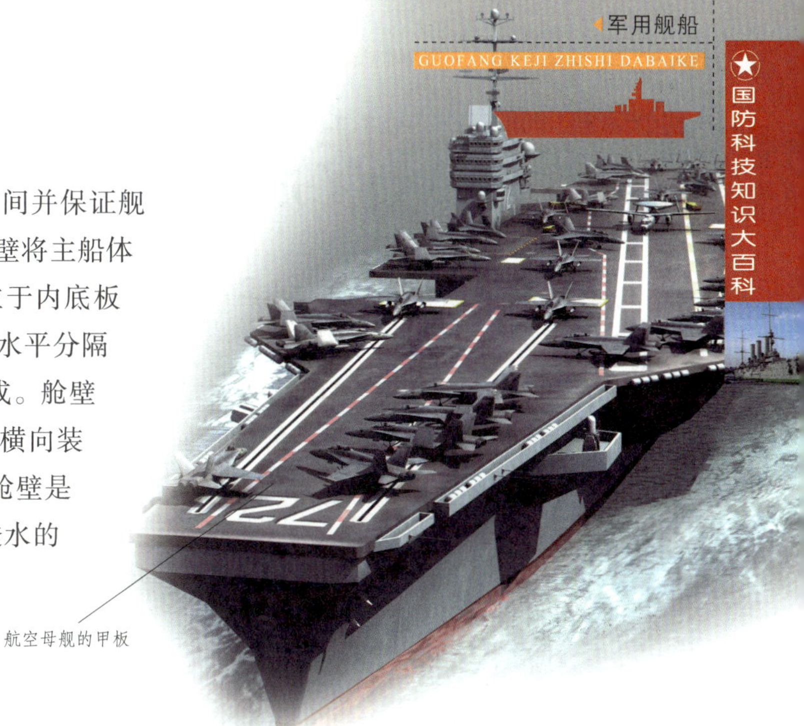

航空母舰的甲板

水密门

水密门是现代军舰上用以保持舰艇生命力的重要组成部分，是舰艇舱壁和上层建筑围壁上设置的、能承受一定压力并保持水密的船用门。水密门结构形状有圆形、圆角矩形和椭圆形，无论哪种结构形状，均要求具有足够的水密要求和同相邻船体结构相等的强度。

龙骨和桅杆

龙骨是军舰结构的基础，对保证船体强度具有重要的作用，通常有方龙骨和平板龙骨两种。方龙骨是突出船底外的一根矩形木头；平板龙骨也称龙骨板，是一系列纵向船底板，现代军舰普遍使用平板龙骨。桅杆是舰艇甲板上竖置的立柱或桁架，用于设置观察、通信和导航设备的天线，悬挂国旗、号旗、号型和其他信号，装设桅灯、信号灯及航行灯等。

▶ 随着舰船技术的发展，风帆时代的桅杆渐渐失去了动力源支柱的功能，逐渐演变为舰船的信息源载体，尤其是雷达的载体

潜艇的结构

除了水面舰艇外，军舰里还有一类重要的舰艇，那就是潜艇。潜艇的结构与水面舰艇一样，也是由板材和骨架构成的，一般分为基本结构和专门结构。基本结构构成了潜艇的完整外形，专门结构仍然是为了适应特殊需要而专门设置的局部性结构。因为要适应水下航行的要求，潜艇也具有一些水面舰艇不具备的特有结构特点。

基本结构

基本结构是潜艇的基础，包括耐压结构和非耐压结构。耐压结构是在深水中直接承受外部高水压并保证艇体水密的结构，包括耐压艇体、耐压液舱和耐压指挥室等。非耐压结构由主压载水舱、燃油舱等水密结构和上层建筑、指挥室围壳等非水密结构组成。包围在耐压艇体外面，不承受深水压力的艇体被称为非耐压艇体，主要用于构成潜艇平顺光滑的外形，以减少阻力，同时保护耐压艇体外部设备。

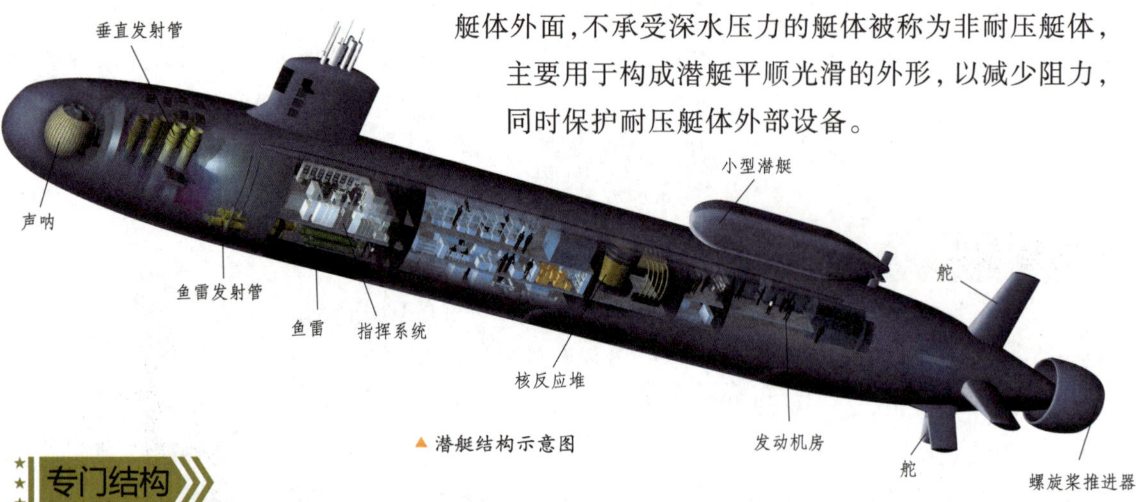

▲ 潜艇结构示意图

专门结构

潜艇的专门结构包括耐压艇体上的开口加强结构，非耐压艇体上的突出物和凹穴结构，核反应堆防护屏蔽结构以及安装武器装备和机械设备的基座等，主要有人员出入舱口、逃生舱口、蓄电池和鱼雷装载舱口、导弹发射筒和鱼雷发射管开孔、声呐导流罩、稳定翼和锚孔等。

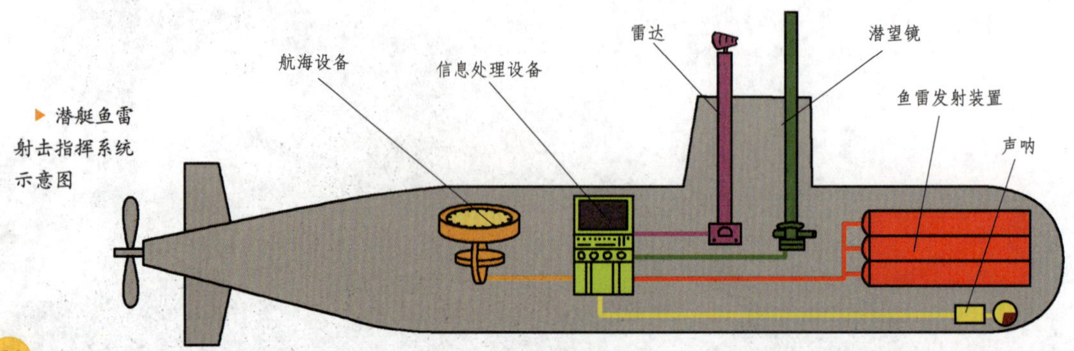

▶ 潜艇鱼雷射击指挥系统示意图

现代潜艇的外形

现代潜艇的外形一般为水滴形、鲸形或拉长的水滴形。水滴形的潜艇具有阻力小、速度快、适合水下航行特点，为现代潜艇广泛采用。有的国家既考虑潜艇的水下航行，又适当地照顾到水上航行的需要，采用了鲸形。还有的国家为了在潜艇上安装更多的设备和导弹武器，采用了在水滴形艇体中间插入一段圆柱体的做法，即采用了拉长的水滴形。

▼ 拉长的水滴形潜艇

寻根问底

为什么潜艇的纵截面都是圆形的？

一是因为圆形的承受性能好。当受到海水压力时，整个潜艇四周均匀地受力，不易出现局部变形。二是因为在周长相等的所有形状中，圆的面积最大，所以设计成圆形可使潜艇获得较大的容积。

艇体结构

潜艇艇体的结构形式主要有单壳体结构、双壳体结构和单双混合壳体结构等。单壳体结构就是只有一层耐压壳体的结构，各种液舱和设备几乎全都布置在耐压壳体内；双壳体结构的耐压艇体被一层外壳完全包覆，在双层壳体之间布置耐压液舱、主压载水舱、燃油舱和设备等；单双混合壳体结构则是艇体部分为单壳体、部分为双壳体的结构。

其他结构

潜艇的舰桥在耐压指挥室围壳顶部，是潜艇在水面航行时的露天指挥所。潜艇不设桅杆，装有专供安置雷达天线、通信天线、定向仪等的升降装置。水密门对潜艇至关重要，所以潜艇水密门比水面舰艇的水密门要求更高，潜艇球面舱壁上的水密门是圆形球面耐压门，而平面耐压舱壁上的门则是平面圆角矩形耐压门。

现代军舰的特点

随着舰载武器、动力装置、电子设备、造船材料和工艺的迅速发展，舰艇的发展跨入现代化阶段。现代军舰的复杂技术，集中反映了一个国家的工业水平和科学技术最新成就。它们大多具有坚固的船体结构、良好的航海性能、较强的生命力，以及与其使命相适应的作战能力或勤务保障能力，并逐渐朝着导弹化、自动化、隐形化等方向发展。

导弹化

现代军舰的主要攻、防武器正趋向导弹化，其制导系统的发射精度、抗干扰能力以及发射装置的功能等已有了长足的进步。与此同时，鱼雷、水雷以及舰炮甚至深水炸弹等也具有制导性能。各国海军的大多数驱逐舰、护卫舰、各类快艇、潜艇等很多都已装备了导弹武器或装备了制导鱼雷、制导舰炮等。

▲航空母舰正在发射对空导弹

核动力化

军舰核动力装置使用的核燃料相当集中，用量极小就可以获得巨大能量。如今，核动力已在潜艇、航空母舰、巡洋舰等军舰上开始使用。军舰的核动力化为军舰的远海作战提供了可能。

▼核动力航空母舰

★聚焦历史★

世界上第一艘核动力潜艇“鹦鹉螺”号于1954年1月21日下水并正式服役，宣告了核动力潜艇的诞生。而世界上第一艘核动力航空母舰“企业”号则于1960年初次下水，1961年12月正式服役，最后于2012年12月1日退役。

自动化

随着导弹、核武器的不断发展，次声武器、激光武器、粒子束武器的大规模装备，电子计算机及其自动化理论、设备的日益完善，各海军大国普遍将军舰的搜索、识别、跟踪以及操纵系统、航海校正系统、动力系统、后勤保障系统进行了大量的技术改进，构成了以电子计算机为中心，综合各子系统的自动化指挥控制系统和其他各类自动检测、自动排除故障的专业维修系统，从而协助指挥员进行迅速、正确的指挥，提高战斗性能。

新船型化

▲ 军用双体船

军舰作为一种作战兵器，航速是其战斗力的要素之一。为此，军事科学家和造船工程师们将一些比较新颖的船型，如水翼型、气垫型、冲翼型、小水线面双体船型等具有航速高、适航性强、稳定性好、两栖性强等特点的船型引用到现代军舰之上，以提高军舰的快速反应能力、适应海战的能力以及登陆作战的能力。目前，人们已进行了侧壁气垫式航母、小水线面双体航母、水翼猎潜艇、双体扫雷舰等新型舰种的研究工作。

隐形化

随着各种技术侦察手段和精确制导武器的改进，兵器的隐形技术的发展越来越受到人们的重视。军舰的设计一改过去船体形状按照有效的水动力性能设计而忽视上层建筑隐身因素的做法，为了达到雷达隐身，人们在船体外形上采用了不少措施，如减少上层建筑，船体采用外飘、内倾或圆角以减少雷达反射波强度等。

▼ “可畏”级隐形护卫舰，舰体采用隐身设计，并涂有吸收雷达波的涂料，生存能力较强

军舰的动力装置

舰艇动力装置是船舶的"心脏"，安装在舰艇的中部，是为舰艇运动提供动力，保证舰艇在各种活动中所需的各种能量的机械、设备和系统的总称。军舰的动力装置通常分为主动力装置和辅助动力装置两大类。主动力装置是用来保证舰艇以一定的航速航行的各种机械设备，主要有蒸汽轮机、燃气轮机、柴油机、核动力和联合动力几种。

蒸汽轮机动力装置

蒸汽轮机是一种由压力蒸汽驱动的涡轮机械。蒸汽轮机动力虽然具有系统复杂、占用的舱容大、施工周期长、维护工作量多以及经济性差等缺陷，但是其单机功率大、技术成熟、寿命长、安全可靠、对燃料要求低的优点，十分符合航母这种大吨位水面舰艇。在核动力诞生之前，蒸汽轮机动力装置可以说在海军强国的大中型水面舰艇中占据绝对的霸主地位。

船用发动机指挥室装置

柴油机动力装置

柴油机是一种将柴油燃烧产生的热能转换成为机械功的动力机械，具有经济性能好、起动加速性能好、能直接反转、独立性和抗冲击能力较好、空气耗量小等优点，也有单机功率太小、振动噪声太大等明显缺点。目前，柴油机仍是各国海军中小型军舰的主要动力。

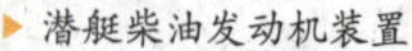

潜艇柴油发动机装置

燃气轮机动力装置

燃气轮机是一种将燃油燃烧产生的热能转换成为机械功的动力机械。同柴油机和蒸汽轮机比较，燃气轮机具有单机功率大、起动和加速性能好、重量轻、体积小、独立性强、生命力好、振动和噪声小、检修方便、管理简单等优点，但它在高温、高压下工作，对燃油质量要求很高，热效率也比柴油机低得多，因此在民用运输船舶上应用不多，目前主要用于军用舰艇。

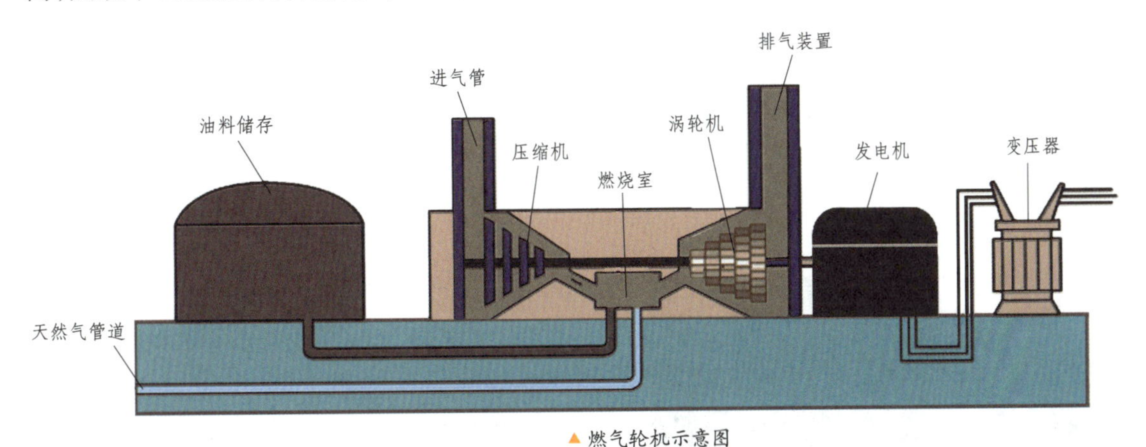

▲ 燃气轮机示意图

核动力装置

▲ 核动力航母

核动力装置是以核燃料代替普通燃料，利用核反应堆的反应产生热能并转变为动力的装置。核动力装置功率大，一次装填核燃料可以用上好几年。装备核动力装置的舰船，几乎有无限的续航力。所以核动力装置主要用于大型军舰和潜艇。自1955年成为潜艇主动力装置开始，核动力已逐渐成为潜艇、航母、巡洋舰、导弹驱逐舰等大中型战斗舰艇的动力装置。

联合动力装置

联合动力装置是由两种不同类型的主机联合组成的推进装置，主要有蒸汽轮机与燃气轮机、柴油机与燃气轮机、蒸汽轮机与柴油机等多种形式。其中柴油机与燃气轮机动力装置是目前采用得最广泛的一种，较好地发挥了柴油机经济性好和燃气轮机单机功率大、重量轻、尺寸小的优点。

见微知著　辅助动力装置

辅助动力装置是用于保证舰艇操纵和舰员生活所需的动力，也是舰船不可缺少的重要组成部分。它不仅为全舰服务，而且还为动力装置服务。一般包括电站、辅助锅炉、压缩空气系统、消防系统、通风系统、空调装置、制冷装置等。

舰载设备

军用舰船的主要设备包括观察设备、通信设备、导航设备等，是军舰对外界进行观察识别、通信联络和导航的设备，犹如人的耳目，具有非常重大的作用。观察设备是军舰的“眼睛”，能全面、及时、准确、隐蔽地搜索、发现、识别并跟踪目标；通信设备主要用来传递信息；导航设备则是舰艇导航、定位的仪器和设备的统称。

▲舰船上工作人员正在使用潜望镜

光学观察器材

光学观察器材包括望远镜、潜望镜、光学测距仪等。军舰上除配备常见的望远镜外，上层建筑上还架设大倍率的观察镜。光学测距仪则是供火炮射击指挥用的，一般装在舰桥最高处，用以测量目标的距离和舷角。潜望镜除在潜艇上使用外，也用于防原子条件下的水面舰艇使用，此时，舰艇指挥所转入舱内，通过潜望镜对外观察。

舰载雷达

舰载雷达是装备在船舶上的各种雷达的总称，它们可探测和跟踪海面、空中目标，为武器系统提供目标数据，引导舰载机飞行和着舰，躲避海上障碍物，保障舰艇安全航行和战术机动等。舰载雷达的种类很多，其中警戒雷达可用于发现和监视海面、空中目标，导航雷达可使军舰在黑暗中或浓雾中安全航行和引导舰载飞机执行任务，控制雷达可使舰炮准确命中目标，导弹制导雷达则可以对各种舰载导弹进行准确的制导。

▲雷达控制中心站

通信设备

舰船通信设备包括无线电通信设备、有线电通信设备、水声通信设备、视觉通信器材、音响通信器材等，按使命分为内部通信设备和对外通信设备。内部通信设备是舰艇上各部门、岗位、舱室之间的通信设备，外部通信设备是舰艇与岸、舰、飞机等目标互通信息的设备。舰船通信也是军事通信的一种，有着鲜明的海上移动通信的特色，其中的对潜通信更是世界上公认的难度最大的军事通信之一。近二十年间，由于计算机技术、微电子技术和信息技术的快速发展，舰船通信可以说进入了一个全面信息化和网络化的新时代。

▲ 舰船无线电通信中心的自动化数字网络系统

导航设备

舰艇导航设备是用来保障舰艇航行安全的设备。军舰上一般都设有航海部门和航海长，他们在舰上的工作就是操纵舰用导航设备，为舰长提供航向、航速、航程、舰位，从而保障本舰武器装备的准确使用和舰船的航行安全。导航设备主要分为普通导航设备、天文导航设备、无线电导航设备、海军卫星导航系统和惯性导航系统等。现代舰艇导航设备正向着综合导航系统的方向发展。

▲ 磁罗经属于普通导航设备，具有简单、可靠、无需电源等优点，但误差较大，在磁极附近无法使用

▼ 舰艇人员正在测试舰载导航系统

聚焦历史

1935 年，德国在“贝雷”号试验船上首次进行舰载雷达试验，这是一种对海警戒雷达。而世界上最早使用的舰载雷达是德国研制的“海上节拍”式对海警戒雷达。它在 1936 年首先装备了“格拉夫·斯佩海军上将”号袖珍战列舰等 3 艘军舰。

声呐设备

声呐的全称为声音导航与测距，是一种利用声波在水下的传播特性，通过电声转换和信息处理完成水下探测和通信任务的电子设备，是水声学中最重要的一种装置。声呐设备是目前军舰使用最广泛的设备之一，无论是潜艇还是其他水面舰艇，都是利用声呐技术及其衍生系统来探测水底下的物体，或是以其作为导航依据的。

声呐的分类

声呐按工作方式的不同可分为被动声呐和主动声呐两种。主动声呐技术指声呐主动发射声波“照射”目标，而后确定接收水中目标反射的回波时间，以测定目标的参数。它由简单的回声探测仪器演变而来，可以主动发射声波，然后接收回波进行计算。被动声呐技术指声呐被动接收舰船等水中目标产生的辐射噪声和水声设备发射的信号，以测定目标的方位和距离。它由简单的水听器演变而来，收听目标发出的噪声，判断出目标的位置和某些特性。

聚焦历史

声呐技术至今已有超过100年的历史，它是1906年由英国海军刘易斯·尼克森发明的。一战时，声呐开始应用到战场上，用来侦测潜藏在水底的潜水艇。这些声呐只能被动听音，属于被动声呐，或者叫作“水听器”。

重要的作用

声呐是各国海军进行水下监视使用的主要装备，用于对水下目标进行探测、分类、定位和跟踪；进行水下通信和导航，保障舰艇、反潜飞机和反潜直升机的战术机动和水中武器的使用。此外，声呐技术还广泛用于鱼雷制导、水雷引信，以及鱼群探测、海洋石油勘探、船舶导航、水下作业、水文测量和海底地质地貌的勘测等。

▲ 用声呐探测海洋生物

现代潜艇的声呐

现代潜艇非常依赖被动声呐,因为被动声呐听音装置需要装载在潜艇的身侧,利用不同位置听音装置收到的同一声音信号,经过电脑处理和运算之后,就可以迅速地对声源进行定位。艇身越大,确定声源的能力就越强,因此大型潜艇多装备被动声呐。

▲ 声呐技术人员监视水面搜索雷达的作战信息中心

反声呐技术

各国海军为探测潜艇,在舰艇、飞机、潜艇甚至海底装备了声呐设备,来监听周围的海洋异常噪声,然后通过噪声分析、信号处理等手段来判断和搜寻潜艇。但是先进的反声呐技术可以让敌方船只无法识别潜艇的真面目。

噪声的来源

潜艇噪声是潜艇保持隐蔽性的最大障碍,潜艇要发挥应有的战斗威力就必须尽量降低噪声。潜艇噪声的主要来源有多个方面,如舱内机械运转时产生的噪声,机械构件振动引起的在艇体结构中所传播的结构噪声及水流经过艇体产生的噪声等。目前,各国在建造潜艇时都采用了种种降低噪声的措施,如对高噪声机械安装消音器和隔音罩,设计低噪声螺旋桨,加设螺旋桨通气装置,在船体和舱室中敷贴吸声材料以降低噪声等级。

▼ 由于作战方式的特殊,潜艇需要长期隐藏在海洋深处游弋,降低潜艇自身的噪声水平有助于潜艇的隐身性

深水炸弹

深水炸弹简称“深弹”，是一种用于攻击潜艇的水中武器，通常装有定深引信，在投入水中后下沉到一定深度或接近目标时引爆以杀伤目标。这是一种传统、有效的常规反潜武器，在二战结束前，深弹反潜一直是最主要的反潜手段，在战争中反潜战绩居水雷、航弹和舰炮之首。二战后，它的反潜地位逐渐被鱼雷所取代。

▲ 二战战场上的深水炸弹

诞生背景

深水炸弹诞生以前，攻击潜艇一般只能用火炮、水雷，或者在军舰前部安装“撞击器”。但是，这些手段仅仅对浮在水面的潜艇具有攻击性，当潜艇潜入水下时，这些手段就不能构成任何威胁。潜艇似乎成为海战中的无敌武器，各个海军强国纷纷研制专门针对潜艇的攻击性武器，深水炸弹应运而生。

引爆原理

我们知道，水压与水深有关；水越深，水压就越大。深水炸弹正是根据这个原理制造出来的，它主要由雷管、撞针、弹簧、主装药四部分组成。弹簧位于雷管和撞针中间，在深弹投入海中之前，可以通过调校弹簧来调节引爆深度。深弹投入海中后，受到的水压随着水深越来越大，下沉到一定深度时，水压会克服弹簧的弹性而把撞针向内压缩，从而激发雷管，进一步引爆主装药内的炸药。

▼ 深水炸弹爆炸

发射方式

按照发射方式的不同，深水炸弹可分为投放式、气动式和火箭式三种。投放式深水炸弹是靠水面舰艇和飞机来投放的，它的弹体呈圆柱形，内装炸药，由水面舰艇上携带的发射架来投放；气动式深水炸弹是一种依靠高压无烟火药燃气作为推力的深水炸弹，由舰船携带的发射管来发射；火箭式深水炸弹则以火箭为动力发射，其弹尾是一枚火箭，爆炸范围大。

▲ 发射深水炸弹

核深水炸弹

深水炸弹按装药类型可分为常规深水炸弹和核深水炸弹。核深水炸弹是装有核爆炸装置的深水炸弹，杀伤威力一般为千吨至万吨级 TNT 当量。在攻击百米左右的水下目标时，1 枚 1 万吨级 TNT 当量的核深水炸弹在水下爆炸，可将附近 1 000 米范围内的潜艇击沉，或使其遭到严重破坏。

▲ 核深水炸弹爆炸瞬间

历史及未来

深水炸弹是历史上反潜的重要功臣，二战中损失的潜艇多半都是由深水炸弹击毁的。但是随着现代潜艇的机动性能和自保水平的提高，传统的深水炸弹已经不起作用了。世界各国都在竞相研发更有效的自导深弹。未来的深水炸弹将朝着多用途的方向发展，使其具有除了反潜外的其他功能，如拦截鱼雷、水声对抗和电子战等。

见微知著 TNT 当量

TNT 当量是用释放相同能量 TNT 炸药的质量表示核爆炸释放能量的一种习惯计量，指核爆炸时所释放的能量相当于多少吨 TNT 炸药爆炸所释放的能量。比如 1 枚核武器的当量为 200 万吨 TNT 就是指爆炸威力等于 200 万吨 TNT 炸药爆炸时的威力。

水雷

水雷是布设在水中的一种爆炸性武器，它可以由舰船碰撞或进入其作用范围而起爆，用于毁伤敌方舰船或阻碍其活动。与深水炸弹不同的是，水雷是预先施放在水中、由舰艇靠近或接触而引发的，这一点和地雷比较类似。水雷在进攻中可以封锁敌方港口或航道，限制敌方舰艇的行动；在防御中则可以保护本方航道和舰艇，为其开辟安全区。

水雷的分类

水雷的种类繁多，一般按其在水中位置的不同分为锚雷、沉底雷和漂雷。锚雷是一种靠雷锚和雷索固定在一定深度上的水雷，沉底雷沉没在水底，漂雷则没有固定位置，在水面随波逐流。另外，水雷还能按照布雷工具不同分为舰布水雷、空投水雷和潜布水雷；按引爆方式的不同分为触发水雷、非触发水雷和控制水雷，非触发水雷包括电磁雷、音响水雷及水压水雷等。

▼ 施放系留雷

引爆机制

除了直接接触引起爆炸外，水雷还有多种引爆机制，包括压力引爆、声响引爆、磁性引爆、数目引爆、遥控引爆等。压力引爆依据船只通过时的压力变化来引起爆炸；声响引爆以船只经过时发出的声音信号作为引爆依据；磁性引爆通过判断船只经过时引起的磁场变化来决定是否引爆；数目引爆会记录侦测到的目标数目，直到累积的数量与预先设定相符合的时候才引爆；遥控引爆则利用有线或者是无线的方式，由岸上或者是船上的管制中心在适当的时机引爆。

▼ 水雷爆炸的瞬间

优点和缺点

水雷的破坏力大，还有很好的隐蔽性，一般一枚大型水雷就能炸沉一艘中型军舰或重创一艘大型战舰。水雷的布设也简便，海军的水面舰艇、潜艇和航空兵，甚至商船和渔船都可以布放水雷。另外，水雷的造价低廉，能长时间构成对敌人的威胁。不过，水雷也有缺点：一是动作被动性，触发水雷要敌舰直接碰撞到水雷，非触发水雷也要敌舰航行至水雷引信的作用范围内才能引爆；二是受海区水文条件的影响很大。

水雷

新概念水雷

现在，各国海军都在运用高新技术加紧研制新概念水雷武器，如子母水雷、软体水雷、声呐浮标水雷等。子母水雷的雷体爆炸或被扫后，雷锭还可作为沉底水雷使用，这样，一枚水雷可进行两次攻击，并可根据引信的不同设定，攻击两种不同的目标；软体水雷则可以根据海底环境改变形状，从而给猎雷系统的探测与搜索带来麻烦。这些水雷不论是破坏力、攻击力、抗干扰性还是准确率，都相对于传统水雷来说有了进一步的提高。

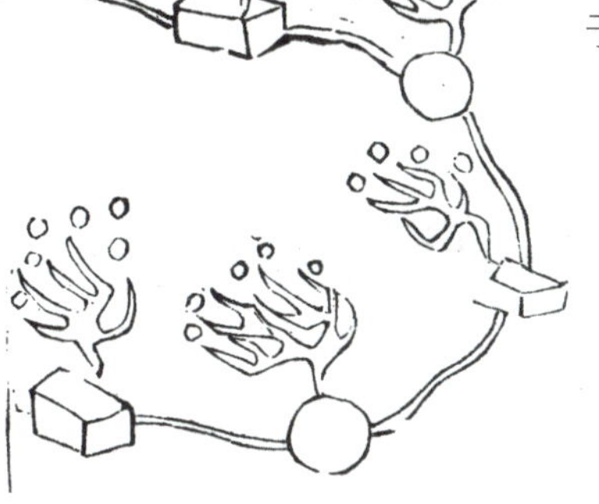

中国早期发明的水雷

聚焦历史

水雷是最古老的水中火器之一，是由中国人发明的。1558年明朝人唐顺之编纂的《武编》一书中，详细记载了一种“水底雷”的构造和布设方法，它用于打击当时侵扰中国沿海的倭寇。这也是最早的人工控制、机械击发的锚雷。

鱼 雷

在海上，有一种兵器让所有的舰艇都不寒而栗，它就是在水中进行攻击的炮弹——鱼雷。鱼雷也是多种军舰上必备的武器，在一定距离内，它有着很好的杀伤能力，不仅是威胁对方的王牌，也是保护自己的有力盾牌。现代鱼雷具有速度快、航程远、隐蔽性好、命中率高和破坏力大等特点，因此也有人将它称为“水中导弹”。

结构特点

鱼雷由雷体、战斗部、发动机和制导系统组成，雷体是由雷头、雷身和雷尾组成的鱼雷外壳。它的前部为雷头，装有炸药和引信；中部为雷身，装有导航及控制装置；后部为鱼尾，装有发动机和推进器等动力装置。

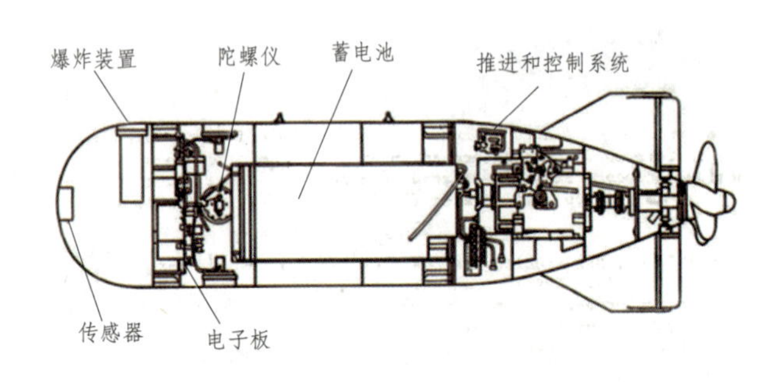

▲ 鱼雷结构示意图

不同的分类

鱼雷按不同的标准有不同分类，按直径可分为轻型鱼雷、中型鱼雷和重型鱼雷三种。轻型鱼雷直径一般小于400毫米，适合于水面舰艇、直升机空投及火箭助飞发射，主要任务是反潜；重型鱼雷直径在533毫米以上，适合于舰、艇管装发射，它的航程远、爆炸威力大、用途广泛，是现在发展的重点。

◀ “阿利·伯克”级导弹驱逐舰的三联装Mk 32 Mod 15型水面船舰鱼雷管正射出一枚Mark-46 Mod 5轻型鱼雷

动力系统

鱼雷动力装置的性能决定着鱼雷的航速和航程。热动力鱼雷虽然在航速和航程方面都优于电动力鱼雷，但其技术难度大、研制周期长、噪声大、航迹明显，而且隐蔽性差。而电动力鱼雷可在大深度航行，噪声小、无航迹、隐蔽性好，造价也比较低廉。因此各国海军大都同时装备有热动力和电动力鱼雷，以发挥各自优势，提高作战能力。

▲ 热动力系统鱼雷

制导技术

从鱼雷问世到二战前所用的鱼雷都是无制导的直航鱼雷，二战以后，各国相继研制了声自导鱼雷。目前世界先进国家所设计的重型鱼雷大都采用了线导加声自导技术，大大提高了鱼雷的抗干扰和目标检测能力。随着光纤传输信息技术在通信领域内的成功应用，人们开始以光纤代替普通铜导线用于鱼雷的设计，美、法等国成功进行了光纤制导的海上试验。除了声自导、线导、光纤制导外，有些国家还采用了尾流自导技术，依靠测定敌方舰艇航行时在水中形成的尾流来判定目标。

发展趋势

由于鱼雷具有隐蔽性、大的水下爆炸威力和精确的制导，鱼雷在水下的作战地位越来越高，它不仅是未来海战有效的反潜武器，而且也是打击水面舰船和航空母舰、破坏岸基设施的重要手段。因此，世界各国都非常重视鱼雷武器的发展。未来鱼雷将向着提高航速、航程、增加航行深度和发射深度、增强爆炸力、提高命中率等方向发展。

人们正不断研究、改进和制造鱼雷，使鱼雷变得更轻便，并进一步提高命中率、爆炸力和捕捉目标的能力

寻根问底

什么是线导鱼雷？

线导鱼雷指由发射台通过导线传输指令控制导向目标的鱼雷。线导鱼雷发射后，鱼雷通过导线向发射台传回自身的状态、位置、目标的方位、距离等信息，发射台根据鱼雷传回的信息发出遥控指令操纵鱼雷攻击目标。

舰　炮

舰炮是装备在军舰上，适合海上作战的一种火炮，主要用来射击水面、空中和岸上目标。舰炮是海军最古老的舰载武器，在 20 世纪水雷、鱼雷、舰载机和导弹武器出现之前，它曾是海军舰艇上最重要的主战兵器。二战之后，舰炮的地位逐渐被更先进的导弹取代，但是并没有完全从军舰上消失，只是口径和作用有所改变。

舰炮的发展

公元 14 世纪出现火炮，随后也装备上了军舰。早期的舰炮结构和陆炮相同，都是用生铁、铜和青铜铸造的滑膛炮，配置在多层甲板的两舷，故称为舷炮。到了 19 世纪 70 年代，世界各海军强国的蒸汽装甲战列舰已达到较高的水平，舰炮的发展也进入了线膛炮时代，普遍采用螺旋膛线，攻击力进一步增强。

▲ 二战时期，日本"大和"级战列舰的 3 座主炮称得上是舰炮史上的至尊

现代舰炮

现代舰炮由发射系统、瞄准系统、供弹系统及炮塔和炮位控制台、炮弹和火控系统组成，具有通用性好、反应快、发射率高、射程近、爆炸威力大等几个特点。现代舰艇多使用中小口径舰炮与导弹武器配合，可实行对空防御、对水面舰艇作战、拦截掠海导弹和对岸火力支援等多种任务。

◀ MK45 型舰炮是一种现代化的轻量型舰炮。它由 127 毫米 54 倍口径的火炮和炮座组成，既可以用来打击敌方的水面舰艇，也可以作为两栖登陆时的支援火力，堪称舰炮家族中的典范

见微知著　线膛炮

炮身管内壁刻有膛线的火炮叫作线膛炮。膛线的作用在于赋予弹头旋转能力，使弹头出膛之后仍能保持既定方向稳定飞行。线膛炮的射程、射速和射击精度等都优于滑膛炮。现代火炮如榴弹炮、加农炮等大多为线膛炮。

舰炮分类

舰炮的战术技术性能、结构等各有其特点，种类繁多。根据其担负任务的不同，分为主炮和副炮；按舰炮口径大小分，有大口径炮、中口径炮、小口径炮三种；按炮管管数可分为单管炮、双管炮、多管联装炮；按舰炮外围防护层分为全封闭式、护板式、暴露式三种。

不同的口径

大口径舰炮口径在 130 毫米以上，主要任务是轰击较远距离的岸上或海上目标。中口径舰炮口径在 76~130 毫米之间，以 76 毫米口径舰炮居多，主要任务是抗击中低空来袭的飞机，也具有一定的反导能力。此外，这种口径的舰炮也可打击海上和岸上目标。小口径舰炮口径一般在 20~60 毫米之间，是一种近程或对空防御武器系统，主要拦截来袭的导弹或抗击来袭的飞机，也具有一定的反导能力。

秘鲁“海军上将”号巡洋舰上装备的“额格劳”152 毫米口径舰炮

发展趋势

随着科技进步，未来的舰炮将进一步提高其初速、射程、威力、射击精度、发射率及自动化程度等，进一步缩小体积，减轻重量，以提高其装备各类舰艇的适用性。目前，舰炮已逐渐形成了由雷达、跟踪仪、指挥仪等火控系统和舰炮组成的舰炮武器系统。制导炮弹的发明，脱壳穿甲弹、预制破片弹、近炸引信等的出现，又使舰炮武器系统兼有精确制导、覆盖面大和持续发射等优点，成为舰艇末端防御的主要手段之一。

Mk 38 型 MOD225 毫米火炮

舰载导弹

导弹是一种自动跟随、追击敌方军事目标的爆炸性武器，由战斗部、制导系统、发动机和弹体等组成，具有射程远、命中率高、破坏力大、速度快、战斗使用普遍性好的特点。舰载导弹则是舰艇防空、反舰和反潜的主要武器。随着现代海战模式的改变，水面舰艇之间的炮战几乎成为历史，因此舰载导弹逐渐成为军舰攻击敌方舰艇的主力。

舰舰导弹

舰舰导弹是舰艇的主要攻击武器之一，指从水面舰艇发射攻击敌方舰船的导弹，也可以攻击海上设施、沿岸和岛礁目标。这种导弹出现在20世纪50年代中期，但经过10年时间才受到广泛重视，并得到迅速发展。舰舰导弹的射程多为40~50千米，有的可达数百千米；通常采用复合制导。同舰炮相比，舰舰导弹的优点是射程远、命中率高且威力大，但也有连续作战能力差的缺点。

▲ “盾牌”级导弹艇

舰空导弹

舰空导弹是舰艇最主要的防空武器，出现于20世纪50年代中期，主要任务是拦击敌方的飞机和飞航式导弹。舰空导弹的最大射程可达120千米，最大射高30千米，动力装置多为固体火箭发动机，也有用冲压喷气发动机的。一般来说，舰空导弹的制导方式是采用遥控制导或寻的制导，但也有的采用复合制导，战斗部多采用普通装药，由近炸或触发组合式引信起爆。

发射中的 RIM-7M
“海麻雀”舰空导弹

反潜导弹

反潜导弹是指从水面舰艇或潜艇发射的攻击潜艇的导弹，按发射平台可分为舰用反潜导弹和潜用反潜导弹两种，按弹道方式则可分为弹道式和飞航式。反潜导弹的战斗部有两类：一类是以自导鱼雷作为战斗部的反潜导弹，也称“火箭助飞鱼雷”；另一类是以核深水炸弹为战斗部的反潜导弹。同反潜鱼雷相比，反潜导弹具有速度快、射程远等优点，是现代主要的反潜武器之一。

垂直发射系统

舰载导弹早期都是倾斜发射的。这种方式有几个缺点：作战时发射装置通常要转向目标来的方向，反应时间长；发射装置占用面积较大，每个发射装置上导弹数量少，发射完后重新装弹费时间；发射装置暴露在甲板上，也很容易被打坏。针对这些问题，美国在20世纪80年代为舰载导弹研制了MK41垂直发射系统，之后，越来越多的国家开始关注并且认可它的优势潜力，也积极研发或是引进装备垂直发射系统。舰载导弹垂直发射系统可以攻击任何方向的目标，没有死角，反应速度快，从而大大提高了军舰的作战效能，是现代军舰的发展趋势。

寻根问底

哪些国家的舰艇装备了MK41导弹垂直发射系统？

目前，世界上已有11个国家海军的170多艘舰艇都装备了MK41导弹垂直发射系统，如加拿大的“易洛魁人”级导弹驱逐舰、韩国的KDX-2导弹驱逐舰、澳大利亚的“安扎克”级导弹护卫舰等。

“俄亥俄”级潜艇的舰载垂直发射系统

其他舰载武器

军舰最基本的用途是在海上执行战斗任务，因此武器是它的基本装备。军舰的武器装备是为完成各种不同的战斗任务而设置的。现代军舰武器种类繁多，除了前面提到过的导弹、舰炮、鱼雷、水雷、深水炸弹外，还包括舰载机、反水雷武器、电子战武器等，还有专门用于军舰近身防卫的，用来侦测与摧毁逼近的反舰导弹的近防武器系统。

舰载机

舰载机是以航空母舰和其他军舰为活动基地的海军飞机的统称，主要用于攻击敌空中、水面或水下和地面目标，并执行预警、侦察、巡逻、护航、布雷、扫雷和垂直登陆等任务，是海战中夺取和巩固制空权、制海权的重要力量。舰载机按飞行原理可分为固定翼飞机和直升机，按用途分主要有歼击机、攻击机、反潜机、侦察机、预警机和电子对抗飞机等。

▶ 舰载机的性能决定着航空母舰的战斗能力

★聚焦历史★

一战中，舰载机主要用于海上侦察、巡逻和反潜等任务。二战中，舰载机的战术技术性能有了很大提高，在塔兰托、珍珠港、珊瑚海、中途岛等多次海战中都发挥了重要作用，改变了传统的海战样式。

▼ 反水雷舰船

反水雷武器

舰载反水雷武器是用来发现、扫除、消灭水雷的水中武器，包括各种扫雷具和猎雷武器。扫雷具可分为接触扫雷具和非接触扫雷具两种，优点是扫雷宽度大，但目前水雷战往往同时使用多种水雷，使扫雷愈加困难；猎雷武器是用来对水雷进行探测、定位、识别、消灭的反水雷武器，由猎雷声呐、导航定位、设备显示控制装置和灭雷具组成。它的优点是能准确清除各种类型水雷，并不受水雷引信种类和设定方式的限制，但是对大深度、大流速水域中的水雷清除有一定困难。

▲ 潜艇为了执行任务及保障自身安全，通常装有多个声呐

电子战武器

电子战是指敌对双方争夺电磁频谱使用和控制权的军事斗争，包括电子侦察与反侦察、电子干扰与反干扰、电子欺骗与反欺骗、电子隐身与反隐身、电子摧毁与反摧毁等。军舰上的电子对抗主要是雷达对抗和声呐对抗。雷达对抗指采用专门的电子设备和器材对敌方雷达进行侦察和干扰，目的是获取敌方雷达的战术情报，阻碍雷达的正常工作；声呐对抗指侦察、干扰或诱骗对方声呐和声自导鱼雷，包括侦察声呐、水声干扰设备和水声诱饵等。

近防武器系统

近防武器系统是专门用于战舰近身防卫的武器系统，主要由雷达、电脑、多管快速发射的中、小型口径舰炮等组成，有些还装备有防空导弹。小口径的多管近防舰炮凭借高射速和对低空目标的射击效果，可有效弥补导弹对空防御和对海上目标射击的拦截死区，是舰艇低空防御必不可少的武器。目前最为人熟知的一种近防武器系统是美国海军的“密集阵”近防武器系统。

▶ “密集阵”近防武器系统

海上防空

20 世纪中期，水面舰艇的主要威胁是携带炸弹的各种飞机。后来，由于军事技术的发展，飞行高度非常低的各型反舰导弹也已经装备世界上许多国家的海军，成为水面舰艇的重要空中威胁。为了抗击敌人空袭、掩护海上和驻泊点的海军兵力及岸上目标免遭空袭，海军常常需要采取一系列措施和战斗行动，这就是海上防空。

任务和特点

海上防空的任务是对空中敌人实施侦察，并消灭来犯的敌机（包括固定翼飞机、直升机）、巡航导弹和其他空中目标。海上防空系统与陆地防空系统并没有本质的区别，都是由防空系统和拦截武器两大部分组成的。但是，它们之间也存在一定的差异，那就是海上防空系统并不是单独的，而是与反潜、反舰系统融为一体，由侦察机、预警机、对空对海搜索雷达、火控雷达及指挥控制和制导设备组成。

海上防空武器的分类

海上防空武器有两大类，一类是面防御武器，通常由舰载防空截击机和中远程防空导弹组成，承担整个舰队的防空任务；另一类是点防御武器，主要由各种舰炮和低空、近程舰空导弹组成，承担单舰自身防空任务。

▼ 海上防空系统发射防空导弹

对空防御体系

未来海上编队要想生存，不可能指望通过一两种武器来完成防空作战任务，必须依靠有效的由不同兵力、不同武器形成的对空防御体系。在防御体系中，舰载防空导弹武器系统应由三个空域的层次构成：远程舰空导弹武器系统，主要拦截中高空、中远程各种飞机目标，兼顾对低空目标的拦截，属制空型武器；中程舰空导弹武器系统，主要拦截中低空、中近程飞机目标，兼顾对反舰导弹目标的拦截，属主战型武器；近程和末段防御的舰空导弹武器系统，主要拦截低空、超低空、近程飞机和掠海反舰导弹目标，属点防御型和自卫型武器。

寻根问底

军舰面临的空中威胁主要有哪几种？

海上对军舰实施空袭的目标主要有三种：一是作战飞机，包括各种歼击机、攻击机、轰炸机、武装直升机及无人机等；二是机载反舰武器，包括各种空舰导弹、航空制导炸弹等；三是各种舰舰导弹和岸舰导弹。

▼ 中程舰空导弹

“宙斯盾”作战系统

“宙斯盾”作战系统是美国海军为了满足舰载防空系统的需要而开发的先进舰用导弹系统，它可以有效地防御敌方同时从四面八方发动的导弹攻击，构成了美国海军舰队的坚固盾牌。“宙斯盾”作战系统的反应速度快，能有效对付作掠海飞行的超声速反舰导弹，还能在严重电子干扰环境下正常工作；在反击能力方面，该系统作战火力猛烈，可综合指挥舰上的各种武器，同时拦截来自空中、水面和水下的多个目标，还可对目标威胁进行自动评估，从而优先击毁对自身威胁最大的目标。

▲ “宙斯盾”战斗系统主屏幕

海上反潜

潜艇自从诞生以来，就由于良好的隐蔽性和机动性对海战中的各种军舰构成了重大的威胁。为了有效应对潜艇的威胁，各国海军先后发展出了各种各样的反潜武器。海上反潜通常指利用反潜武器，对潜入一定海区的敌方潜艇进行搜索、封锁、限制或消灭的军事行动。几乎每一艘战斗舰艇上都装备有反潜探测及攻击装备。

反潜原理

反潜武器一般是基于以下三项原理来进行反潜工作。第一，利用雷达发现浮在水面的潜艇或者潜艇的通气管、潜望镜；第二，利用磁异探测仪发现潜航中的潜艇；第三，利用声呐浮标对磁异探测仪发现的目标潜艇进行精确定位，作用距离一般为几百米。

◀ 美国海军的地勤人员正在为P-3C反潜机安装声呐浮标

作战平台

进行反潜作战的平台最初是以水面舰艇为主的。水面舰艇反潜通常以专用反潜型舰艇为主，有猎潜艇、反潜护卫舰、反潜驱逐舰等，其他舰艇则多装以自卫性反潜设备。反潜型舰艇主要装备舰壳声呐、变深声呐、拖曳声呐等探潜设备，以及反潜深弹、反潜鱼雷、反潜水雷、反潜导弹等攻潜武器。二战时期，飞机也加入了反潜的任务，当时的反潜机种多以中大型飞机，譬如大型客机、水上飞机、运输机或者是轰炸机改装而来。二战结束后，反潜机成为专门的军用航空器。

▲ 舰艇上发射的反潜导弹

航空反潜

航空反潜战是反潜飞机利用反潜探测设备对水下潜艇目标进行探测、识别和定位，并利用反潜武器实施攻击的作战行动，是现代反潜战的一个重要组成部分。航空反潜装备主要由反潜飞机及其携带的反潜探测设备、反潜武器组成。反潜飞机的速度快、航程远、载弹量大、机动灵活，而且不易被水下潜艇发现和攻击，可对其实施快速攻击。

见微知著　声呐浮标

它是探测水下目标的浮标式声呐器材，与浮标信号接收处理设备等组成浮标声呐系统，用于反潜探测和对水下潜艇的预警等。布放声呐浮标后，只要通过监听不同浮标发来的信号，就能知道水下潜艇的位置和运动情况。

▲ 反潜飞机

反潜直升机

反潜直升机是专门用来搜索和攻击敌军潜艇的直升机，有岸基反潜直升机和舰载反潜直升机两种，主要用于岸基近距离反潜和海上编队外围反潜。通常情况下，反潜直升机上载有航空反潜鱼雷、深水炸弹等武器，有的能携载空舰导弹。机上还装有雷达、磁力探测仪和声呐浮标等设备，能在短时间内搜索大面积海域，准确测定潜艇位置。

▲ 美国海军 SH60B 直升机正在投下一枚 MK46 反潜鱼雷

反潜鱼雷

反潜鱼雷是专门用来攻击潜艇的自导鱼雷。最早的反潜鱼雷是美国人发明的，雷壳用陶瓷制成，采用声呐原理，使鱼雷自动瞄准目标。目前，各国海军装备的反潜鱼雷主要有两类，一类是重型潜(舰)载反潜、反舰鱼雷，另一类是轻型多用途反潜鱼雷。

军舰大观

随着舰载武器、动力装置、电子设备、造船材料和工艺的迅速发展，军舰的发展跨入现代化阶段。如今，导弹已成为战斗舰艇的主要武器，大、中型舰艇上普遍搭载着直升机，军舰上还普遍装有指挥控制自动化系统和火控系统，舰艇的隐身技术也得到了广泛的应用。现代舰艇作为海军战场上的绝对主力，它的发展水平不仅代表着一个国家政治、经济、科技发展的水平，展现了一个国家的海军实力，而且已经成为衡量国家军事实力的重要标志之一。

战列舰

战列舰又称主力舰、战斗舰，是一种以大口径火炮和厚重装甲保护装置为主的高吨位海面作战舰艇。在航空母舰出现以前，战列舰曾是海上吨位和威力最大的家伙，并且一直是各海上强国的主力舰种，主宰海洋达200年之久。二战之后，战列舰的优势逐渐丧失殆尽，地位也被航空母舰和弹道导弹潜艇所取代。

▲ 英国海军著名的风帆战列舰——"胜利"号

风帆战列舰

最早的战列舰是由风帆作为动力的，故又称"风帆战列舰"。风帆战列舰是一种大型的木质帆船，战斗性能受风向影响很大。它通常有两层或三层火炮甲板，装有50~100门不同口径的火炮。最典型的是装有74门火炮的风帆战列舰，排水量达1 630吨，长52米，宽14米，吃水7米，可容纳700名船员。风帆战列舰是风帆时代海军的主力舰，19世纪初，英国拥有全世界最强大的风帆战列舰队。

无畏舰

1906年2月下水的英国"无畏"号战列舰是第一艘真正意义上的现代化战列舰。它以蒸汽轮机作为主动力装置，航速达到了21节，舰上装备有10门304.8毫米口径的火炮，火力比其他同时期战列舰强出一倍多。此后，所有海上强国都开始仿照"无畏"号，建造自己的战列舰，曾有150多艘战列舰被冠以"无畏舰"的称号。战列舰就带着这个名字，走过了最辉煌的时期。

▲ 无畏舰

▲ 正在左右舷齐射的美国海军“衣阿华”号战列舰

“衣阿华”级战列舰

“衣阿华”级战列舰是美国海军中排水量最大的一级战列舰，共完成建造4艘，是世界上最晚退役的战列舰。20世纪80年代，美国对4艘已退役的“衣阿华”级战列舰进行现代化改装，加装各种新型雷达，导弹，防空，电子对抗和指挥控制通信系统，重新编入现役，分别部署于太平洋和大西洋，独立进行海上作战，支援登陆和攻击岸上目标等任务。但在1993年，美国的4艘战列舰又再次退出现役，“战列舰”这一级别也正式从美国海军现役舰船分类中撤销。

聚焦历史

1945年9月2日，日本无条件投降的签字仪式在停泊在东京湾上的“衣阿华”级三号舰“密苏里”号战列舰的主甲板上举行。这次签字仪式标志着二战的结束，“衣阿华”级战列舰也因为这次事件而闻名于世。

退出历史

战列舰在一战中出尽风头，特别是在大西洋海域进行的日德兰海战中，战列舰舰队的航速和火炮的口径成为杀伤对方、夺取胜利的关键性因素。人们对战列舰的崇敬促使战后各国大力建造此种船坚炮巨的“海上堡垒”。但战列舰尽管吨位大、火力强、装甲厚，却存在目标大、易遭攻击、防空反潜能力较差等不足，因而极易成为对方导弹攻击的活靶子。随着新型导弹和制导炮弹的出现，战列舰上大口径火炮原有的优势也不复存在，因此逐渐退出了历史的舞台。

航空母舰

航空母舰简称“航母”，是一种可以提供军用飞机起飞和降落的军舰，是大海上浮动的战场，享有“海上霸王”的美誉。尽管它出现的历史不长，是一种比较年轻的舰种，但现在航空母舰已成为一个国家海军力量的重要象征。目前，全世界仅美国、俄罗斯、英国、法国、印度、巴西、意大利、西班牙、中国和泰国拥有或计划建造航空母舰。

▲“百眼巨人”号航空母舰

航母的来历

航母的历史几乎与飞机同样悠久。20世纪初，法国著名发明家克雷曼·阿德就提出了“搭载战机巨舰”的概念。1915年8月12日，一架从军舰上起飞的英国战机击沉了一艘敌国的运输舰，显示了海上航空兵的威力。此后，英国的军舰设计师们开始设计搭载战机的巨舰，最终建成“百眼巨人”号航母。

流动的国土

航母是航空母舰战斗群的核心，主要提供空中支援和远程打击能力，其他舰船只为航母提供保护和供给。有了航空母舰，一个国家就可以在远离其国土的地方、不依靠当地机场的情况下对敌人施加军事压力和进行作战。因此，航母被誉为“流动的国土”。

寻根问底

为什么航空母舰被誉为“浮动的海上机场”？

航空母舰上装载的飞机有战斗机、攻击机、反潜机、预警机、侦察机、加油机、救护机、直升机等，少则40多架，多至近百架，就是飞行甲板的面积也要比一般军舰大几倍甚至十几倍。

▼航空母舰战斗群可以开辟独立的海战场，在远离军事基地的广阔海洋上实施全天候、大范围、高强度的连续作战

航母战斗群

航空母舰从来不单独行动，总会有很多“保镖”的陪同，如巡洋舰、驱逐舰、攻击潜艇等，合称航母战斗群。巡洋舰是航母战斗群的护卫中枢，提供防空、反舰与反潜的能力，驱逐舰主要协助巡洋舰扩展防卫圈的范围，攻击潜艇用于支援舰队对水面或水下目标的警戒与作战。此外，航母上还有各种各样用于进攻和防御的军用飞机。整个航母战斗群可以在航母的整体指挥下，对数百千米之外的目标实施搜索、追踪、锁定及攻击。

▲ 航空母舰战斗群

航母的分类

现代航空母舰可分为常规动力航母和核动力航母两种，常规动力航母一般排水量较小，属于轻型航母和中型航母，而核动力航母大多是大型航母。航母具有较大的航速和很好的续航力，特别是核动力航母，更换一次燃料可以连续航行150万~180万千米，在海上停留几个月都不需要补给。

◀ “中途岛”号常规动力航空母舰是美军第一艘以中途岛为名的军舰，以纪念中途岛海战

移动的武器库

航空母舰是最庞大的军舰，大型的航空母舰长度可达330米，宽度达80米，高度达70米，相当于3个足球场的面积和20层楼的高度，在陆地上也很难看到如此巨大的建筑物。航母还是一个移动的武器库，载有多种武器与大量弹药。航母上不但装载有各种不同用途的军用飞机，还装载着各类导弹、火炮、高射机枪等武器，以及雷达、声呐及卫星通信等设备。

▲ 航母上的弹药库

核动力航母

核潜艇建成后，美国海军认识到了核动力的优越性，决定研制核动力航母。1961 年 12 月，世界上第一艘核动力航母“企业”号建成服役。“企业”号航母上装备核动力装置，使航空母舰具有更大的机动性和惊人的续航力，更换一次核燃料可连续航行 10 年，还可以高速驶往世界上任何一个海域。“企业”号的问世使航空母舰的发展进入新纪元。

“企业”级

“企业”级航空母舰是美国海军唯一一艘具有 8 具核能反应炉的船舰，该级舰仅有一艘，即“企业”号核动力航母。除了革命性地首度采用了核动力推进方式之外，“企业”号还搭载有当时最先进的相控阵雷达技术，能比传统旋转式雷达追踪更多空中目标。为了配合相控阵雷达，“企业”号还设计配备了独特的方形舰桥，并成为新式航空母舰的舰桥设计基调。2012 年 12 月 1 日，“企业”号结束了 51 年的服役生涯，正式退役。

▼“企业”号核动力航母

“尼米兹”级

“尼米兹”级航空母舰是美国海军所使用的一种多用途大型航空母舰，拥有超凡的作战能力。它的船体结构和布置是航母的典型形式，箱形的船体结构能承受很大的载荷，并可吸收中弹时的爆破能量；船体内“X”形的支撑构件起着吸收、传递和扩散冲击能量的作用。为了防御攻击，“尼米兹”级的舰体和甲板用高强度、高韧性的钢板建造，舰内设有 23 道水密横舱壁和 10 道防火隔壁，消防防护措施完备。“尼米兹”级是当今世界海军威力最大的海上霸王，以其优良的性能和强劲的战斗力成为现代航母中当之无愧的王者。

▼尼米兹级“亚伯拉罕·林肯”号航空母舰

见微知著 相控阵雷达

相控阵雷达是相位控制电子扫描阵列雷达，利用大量个别控制的小型天线元件排列成天线阵面，每个天线单元都由独立的开关控制。与传统雷达相比，它具有更快的反应速度、更好的目标追踪能力和电子反对抗能力。

“福特”级

2013年10月11日，美国新一代航空母舰首舰CVN－78“福特”号完成舰体建造，在弗吉尼亚州纽波特纽斯造船厂成功下水。从表面来看，“福特”级航空母舰与“尼米兹”级并没有太大区别，但是它的各个分系统性能都有质的提升，整体战斗力比“尼米兹”级有很大提高，是名副其实的“世界最强战舰”。预计在不久的将来，它将会成为美国海军新一代海上作战力量的核心。

“福特”级航空母舰CVN－78完成最后的测试

“戴高乐”级

“戴高乐”级航空母舰是法国海军第一种核动力航空母舰，也是法国海军的旗舰。它的作战能力比吨位相仿的常规动力航母提高了6倍。素以浪漫著称的法国人在打造先进武器装备方面，也保持了他们一贯浪漫的艺术特质。“戴高乐”级航母舰体光洁流畅，隐身措施也处理得很好，被称为世界上最漂亮、最具现代气息的航母。

“戴高乐”级航空母舰

常规动力航母

尽管核动力航母拥有比常规动力航母更为强大的战斗威力、更优越的性能，也能为舰载机的起降提供更可靠的保证，但并不是所有国家都掌握了建造核航母的技术。目前世界上只有美国和法国拥有自己的核动力航母，其余国家的航母都是常规动力航母。在一定时期内，常规动力航母仍是世界各国海军不可或缺的重要军事力量。

“无敌”级

英国是航空母舰的发祥地，其“无敌”级航空母舰被认为是世界轻型航母发展的先导。“无敌”级最大的特点是应用了“滑跃”跑道，这一起飞方式后来被各国的轻型航母普遍采用，影响非常深远。“无敌”级航母共有 3 艘，首舰“无敌”号始建于 1973 年，1980 年 6 月正式服役。2014 年 8 月，“无敌”级航母全部退役，由新一代“伊丽莎白女王”级替代。

无敌级“卓越号”航空母舰的飞行甲板，其前端允许垂直/短距起降飞机

▼“加里波第”级轻型航空母舰

“加里波第”级

“加里波第”级是意大利海军唯一的轻型航空母舰，它的排水量只有“无敌”级的三分之二，号称世界上吨位最小的航空母舰。虽然吨位很小，但“加里波第”级搭载飞机能力和反潜、反舰、防空作战能力都较强，既可作为航母编队的指挥舰，又可单独行动。2007 年，“加里波第”级航母正式退役。

“小鹰”级

“小鹰”级航空母舰是美国建造的最后一级、也是最大的一级常规动力航空母舰。它虽不及后来的核动力航空母舰那样引人注目，但也不失为美国航空母舰兵力中的骨干力量。2009年5月12日，在服役48年之后，“小鹰”级航空母舰退役，为美国海军的常规动力航母时代画上了一个句号。

▲“小鹰”级常规动力航空母舰

寻根问底

航母的级是怎么划分的？

航母的“级”指的是不同的设计型号，通常以按照此设计下水的第一条船的名字来命名。同一舰级下的航母还有不同的名字，如“无敌”级航母共有3艘，分别是“无敌”号、“皇家方舟”号和“卓越”号。

“库兹涅佐夫”级

“库兹涅佐夫”级航空母舰是目前俄罗斯最新型的航空母舰，是在前级“基辅”级航空母舰的基础上建造而成的。该级舰原本是设计成排水量为9万吨级的核动力航母，但后来由于资金紧缺，还是放弃核动力，采用了常规动力，标准排水量也降至6.75万吨。尽管如此，“库兹涅佐夫”级航母无论规格还是规模上仍要比“基辅”级的更大。

▲“库兹涅佐夫”号航空母舰

辽宁舰

“辽宁”号航空母舰简称“辽宁舰”，是中国海军第一艘可以搭载固定翼飞机的航空母舰。它的前身是苏联海军的“库兹涅佐夫”级航空母舰的次舰“瓦良格”号。2013年11月，辽宁舰从青岛赴中国南海展开为期47天的海上综合演练，这是自冷战结束以来除美国海军外西太平洋地区最大的单国海上兵力集结演练，也标志着“辽宁”号航空母舰开始具备海上编队战斗群能力。

巡洋舰

巡洋舰是一种远洋巡航的大型舰艇，也是目前世界上仅次于航空母舰的大型水面舰艇。舰上通常装备有较强的进攻和防御型武器，具有较高的航速和多种作战能力，主要用于反舰、反潜和攻击水面舰艇。巡洋舰是和战列舰一起诞生的，经历了风帆时代、蒸汽装甲时代和核动力导弹化时代，至今仍以强大的威力活跃在海洋上。

任务及特点

▲ 巡洋舰编队

巡洋舰主要担负海上攻防作战任务，保护己方或破坏敌方海上交通线，支援登陆或反登陆，掩护己方舰艇以及担负防空、反潜、警戒等任务。巡洋舰是一种进攻性武器，它装备着各种武器和导航、通信、指挥控制系统，具有较高的航速、较强的续航能力和抗风浪能力，能长时间在各种复杂的条件下进行远洋机动作战。现代海军通常以几艘巡洋舰组成编队进行活动，或者加入航空母舰编队担任掩护任务，常被作为舰队的旗舰。

巡洋舰的发展

在风帆船时代，巡洋舰是指舰炮较少、通常不直接参加战斗，而主要用于巡逻、侦察、护航或小股出击进行商贸战的快速炮舰。那时，这些快速帆船还没有形成一个专门的舰种。直到19世纪末，作战舰艇的一般等级已渐趋分明，巡洋舰才发展成为专门的正式舰种。二战期间，出现了排水量大于1万吨的重巡洋舰和万吨以下的轻巡洋舰，后来又有了更大的战列巡洋舰。二战后，随着核动力和舰用导弹的发展，又出现了核动力导弹巡洋舰。

▼ 美国李海级“班布里奇号”核动力巡洋舰

导弹巡洋舰

早期的巡洋舰主要武器为火炮，称为火炮巡洋舰，现已全部退出历史舞台，取而代之的是导弹巡洋舰。现代导弹巡洋舰装备了各种用途的制导武器，能发射舰地、舰空、舰舰、反潜导弹，装备了反潜直升机、各种口径的自动火炮和先进的自动化指挥系统，具有攻防能力强、适航性好、活动半径大等优点，能担负多种作战任务，成为除航母之外战斗力最强的战舰。

▶“基洛夫”级导弹巡洋舰

“格罗兹尼”号

世界上第一艘真正的导弹巡洋舰是苏联于1959年开工，1961年初下水的“格罗兹尼”号。由于它首次装备了导弹，因而具有相当的对舰攻击能力。“格罗兹尼”号的满载排水量为0.55万吨，最大航速约为67千米/时，续航能力为12 500千米。“格罗兹尼”号装备有两座反舰导弹发射装置和3座双联装防空导弹发射装置，还有两座反潜火箭发射器和两座鱼雷发射管，以及两座全自动平高两用炮和4座全自动远射炮。

见微知著　战列巡洋舰

战列巡洋舰是20世纪初兴建的一种大型战舰，是在装甲巡洋舰的基础上演变过来的一种功能性很强的新型主力舰。它把战列舰的强大火力和装甲巡洋舰的高机动力结合在一起，不仅可以有效打击敌方的袭扰，又能快速部署应付突发性事件。

▼“格罗兹尼”号巡洋舰

世界著名巡洋舰

巡洋舰在海军舰艇中是历史最悠久的战舰之一，但随着新技术、新装备和新武器的发展，巡洋舰也不断取得新发展。二战以后，巡洋舰在数量上急剧减少，质量上却得到了显著的提高。从技术的发展方面来看，新型巡洋舰主要采用了核动力装置，装备了导弹武器和携载直升机作战。现在世界上著名的巡洋舰都是导弹巡洋舰。

"长滩"级

"长滩"级巡洋舰是美国建造的世界上第一艘核动力巡洋舰，也是世界上第一艘核动力水面舰艇，于1959年开建，1961年建成服役。它装备有两座"战斧"反舰导弹、两座"鱼叉"反舰导弹，以及防空导弹、反潜导弹等，还拥有美国舰队中最现代化的战斗情报中心，借助许多传感器连续地处理和加工信息，向舰上提供数据和战术图像。

▲ 长滩级"长滩"号巡洋舰

★聚焦历史★

1964年，"长滩"号核动力导弹巡洋舰跟随"企业"号航空母舰进行了为期64天的环球航行，总航程达4.8万千米，中途没有进行任何燃料补给。"长滩"号巡洋舰第一次更换核燃料已经是1965年了，那时，它已经足足航行了30万千米。

"莱希"级

二战后，美国海军建造了一批具有现代化装备的航空母舰。于是，为了确保航母的安全，"莱希"级第二代导弹巡洋舰应运而生，它作为航空母舰编队的组成部分，最主要的用途就是直接护卫航空母舰。"莱希"级导弹巡洋舰一共建造了9艘，首舰"莱希"号于1962年服役。到1995年，"莱希"级导弹巡洋舰全部退役。

▼ 莱希级"莱希"号巡洋舰

“加利福尼亚”级

“加利福尼亚”级巡洋舰属于美国海军第三代核动力导弹巡洋舰。由于它建造数量过少，又没有特殊的革命性装备，因此在世界上的名气不是很大。事实上，它还是美国海军最后一级核动力巡洋舰“弗吉尼亚”级的前辈。“加利福尼亚”级是专门为“尼米兹”级航空母舰保驾护航的，在舰型设计、设备性能等方面均有独到之处。该级舰总共建造了两艘，如今都已光荣退役。

▲“加利福尼亚”号巡洋舰

“提康德罗加”级

“提康德罗加”级巡洋舰是美国海军现役数量最多的巡洋舰，被誉为“当代最先进的巡洋舰”。该舰装备了极为先进的“宙斯盾”防空系统，可以对从潜艇、飞机和水面战舰上各个方向袭来的大批导弹进行及时探测并有效地应对。这是当代巡洋舰防空能力飞跃提高的一个划时代的标志。

▲提康德罗加级“诺曼底”号巡洋舰

“基洛夫”级

20世纪80年代初，为了与美国海军全面抗衡，履行远洋作战使命，苏联建成了二战后世界上最大的巡洋舰——“基洛夫”级。它在巡洋舰中创造了三个世界之最：吨位最大，携弹量最多，最先采用导弹垂直发射装置。这个庞然大物的电子设备和武器设备十分精良，有人把它比喻成“超重量级的海上拳王”。

驱逐舰

驱逐舰是一种以导弹、舰炮、反潜武器为主要装备、具有多种作战能力的中型军舰，也是现代海军中装备数量最多、用途最广泛的舰艇。驱逐舰具备对空、对海及对潜等多种作战能力，可以执行防空、反潜、反舰、对地攻击、护航、侦察、巡逻、警戒、布雷和火力支援等作战任务，所以有人形象地称它为“海上多面手”。

鱼雷艇的克星

驱逐舰设计思想的萌发缘于鱼雷艇威胁的增加。1892年，英国海军部又一次召集专家对建造鱼雷艇的“克星”出谋献策，著名造船设计师亚罗正式提出建造专门对付鱼雷艇的一种战舰。1893年，“哈沃克”和“霍内特”号鱼雷艇驱逐舰建成并服役。这种排水量仅240吨，航速27节的战舰可以算是世界上最早的驱逐舰。

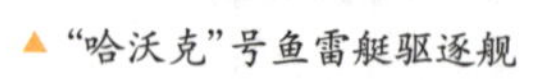

“哈沃克”号鱼雷艇驱逐舰

新的发展

20世纪50年代后，驱逐舰没有像战列舰那样出现衰落，反而因具有灵活性和多功能性而备受各国海军的重视，迅速向导弹化、电子化、指挥自动化的方向发展，并出现了反潜驱逐舰和防空驱逐舰的分工，驱逐舰的吨位也明显加大。同时，在舰体空间增大的基础上，舰上条件也逐步改善。现代驱逐舰的舰员们不但可以在舒适的封闭的舱室中值勤，还能够利用自动化技术来操纵他们的战舰。

驱逐舰是海军舰队中突击力较强的一种中型军舰

防空驱逐舰

防空驱逐舰是以舰队防空为主要作战任务的水面攻击型战舰，一般排水量在6 000~10 000吨之间。它的主要特征是具备区域防空能力，舰上装备有相控阵雷达、远程舰空导弹、高性能自动化指挥系统等。除了装载大量大型的防空导弹外，防空驱逐舰上还装备有舰炮、近程防御系统、反潜深水炸弹、鱼雷等。防空驱逐舰可以为舰队提供大范围的防空安全保障，但也因其具备高技术、高成本的特点，造价极其昂贵。

▲ 防空驱逐舰正发射对空导弹

反潜驱逐舰

反潜驱逐舰吨位通常要小于防空驱逐舰，一般在3 000~6 000吨之间。它以反潜和反舰作为自身的主要任务，装备有尖端的声呐反潜设备和反舰武器，辅以近程点防空导弹辅助防空作战，以敌方潜艇和突破己方防空的漏网之鱼为目标。反潜驱逐舰的作战能力比较全面，防空、反潜、反舰任务都可以执行，但不适合激烈的制空权争夺保卫战。

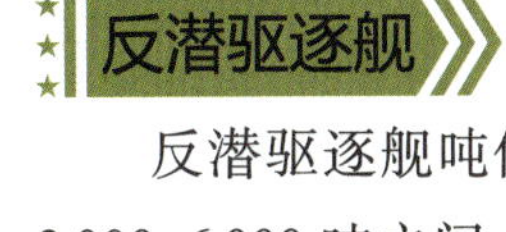

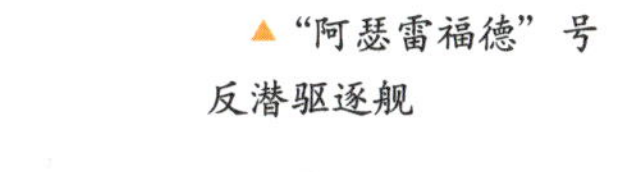

▲ “阿瑟雷福德”号反潜驱逐舰

驱逐舰之最

世界上最早的全燃气轮机动力驱逐舰是苏联的“卡辛”I型导弹驱逐舰，最早的对空导弹驱逐舰是美国的“米彻尔”级驱逐舰，最早的对舰导弹驱逐舰是美国的“孔兹”级驱逐舰，第一艘低噪声驱逐舰是英国的“诺福克”号驱逐舰。

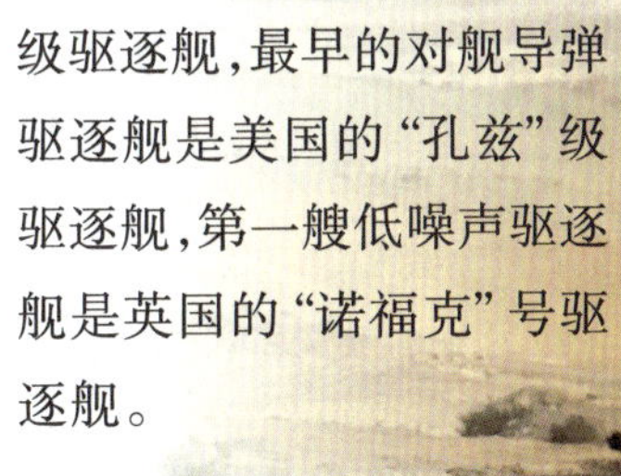

★聚焦历史★

驱逐舰首次在大规模海战中发挥主要作用，是1914年英、德两国的赫尔戈兰湾海战中。在1916年的日德兰海战中，英、德双方大量的驱逐舰被以中队为单位投入战场，在大洋上执行着舰队护航、侦察、鱼雷攻击和救助落水水兵的任务。

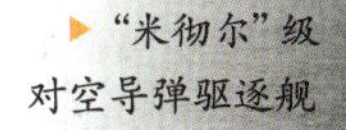

▶ “米彻尔”级对空导弹驱逐舰

世界著名驱逐舰

驱逐舰自诞生后仅经过20多年的发展，就成为各国海军中一个重要的舰种，不但数量多，而且战斗力强，能担负多种作战任务，在海军中的地位和作用也不断提高。到1914年一战爆发前，在各参战国大中型舰艇中，驱逐舰是数量最多的一个舰种。直到今天，驱逐舰仍是一种用途广泛的舰种，在各国海军中普遍装备。

▼"斯普鲁恩斯"号驱逐舰

"斯普鲁恩斯"级

"斯普鲁恩斯"级导弹驱逐舰是美国海军20世纪70年代至80年代初陆续建成的一代大型驱逐舰，曾一度是美国海军中的主力驱逐舰。原型舰以反潜为主，其后美国海军为适应现代海战要求对其进行了一系列重要改装，加装了多种先进的武器装备和垂直发射系统，使之成为一种反潜、反舰、对地和防空能力都很强的驱逐舰。

里程碑式的作品

"斯普鲁恩斯"级导弹驱逐舰是美国海军建造的第一种大型舰队驱逐舰、第一种全面采用模块化设计建造的舰艇，也是第一种在设计之初就采用全燃气涡轮推进的舰艇，完全摆脱了先前的二战设计，是美国造舰史上的一大里程碑。在服役了近30年后，"斯普鲁恩斯"级在2005年全部退役。

见微知著　　阿利·伯克

阿利·伯克是美国著名海军上将，曾在二战中任美国23驱逐舰队司令，一生获得荣誉无数，人称"31节伯克"。"阿利·伯克"级导弹驱逐舰就是以他的名字命名的。这也是美国海军史上第一次以一位在世名人来命名军舰。

“阿利·伯克”级

“阿利·伯克”级导弹驱逐舰是美国海军隶下唯一一型现役驱逐舰，是美国海军的主力战舰。“阿利·伯克”级在世界海军中可谓声名显赫，它是世界上第一艘装备“宙斯盾”系统并全面采用隐形设计的驱逐舰，武器装备、电子装备高度智能化，具有极强的防空、反潜、反舰和反导的全面作战能力，代表了美国海军驱逐舰的最高水平。

2004年9月18日，“阿利·伯克”级的“珍珠港”号被编入太平洋舰队

现代级“耐久”号驱逐舰

“现代”级

“现代”级驱逐舰是俄罗斯海军的第三代驱逐舰。虽然和美国同类型的舰艇相比，“现代”级在反舰能力方面占很大优势，但它的反潜和反防空能力比较差。不过，它仍是兵器排行榜中名居前列的王牌舰船。隐身性是“现代”级驱逐舰的一大特色。为了减小雷达探测面积，舰体周围涂敷了一层雷达波吸收材料。此外，降低水下噪声的吸收涂层也在一定程度上抑制了红外线辐射强度。

中国的驱逐舰

21世纪初，中国建成了两艘052C型驱逐舰，这是中国第一种配备相控阵雷达与垂直发射区域防空导弹系统的现代化防空驱逐舰。052D型驱逐舰则是052C型驱逐舰的最新改良型，首舰“昆明”号于2012年8月28日下水，2014年正式服役，标志着中国从此拥有了跻身世界先进行列的新锐防空舰。

中国的“青岛”号驱逐舰

护卫舰

护卫舰是以火炮、导弹和反潜武器为主要装备的中型或轻型军舰，通常装备有舰炮、舰舰导弹、舰空导弹、反潜武器等武器，有的还装备了鱼雷和反潜直升机。护卫舰主要用于反潜和为舰艇编队防空护航，除此之外，还能执行侦察、警戒、巡逻、布雷、支援登陆作战等多种辅助任务，素有"海上守护神"和"海上警卫员"的美称。

▲ 护卫舰雏形

护卫舰的前身

护卫舰是一种古老的海军舰种，早在16世纪时，人们就把一种三桅武装帆船称为护卫舰。18世纪，西方各国为保护自身殖民地的安全，建造了一批排水量较小、适合在殖民地近海活动，用于警戒、巡逻和保护己方商船的中小型舰只，这也是护卫舰的前身之一。

第一批专用护卫舰

护卫舰诞生于20世纪初。1904—1905年的日俄战争中，日本舰艇曾多次闯入旅顺口俄国海军基地，对俄国舰艇进行鱼雷和炮火袭击，或布放水雷，用沉船来堵塞港口。起初，俄国舰队在港口的巡逻和警戒任务是由驱逐舰来执行的，但由于驱逐舰数量少，而且还需要承担其他任务。于是，在日俄战争之后，俄国建造了世界上第一批专用护卫舰。

▲ 护卫舰护航

寻根问底

护卫舰与驱逐舰有什么差异？

现代护卫舰与驱逐舰的区别有时候并不明显，只是前者通常在吨位、火力、续航能力上稍逊于后者。不过它们之间有一点本质的区别：护卫舰的用途是为大型军舰护航，以防御为主，驱逐舰却主要以进攻为主。

▲ 护卫舰指挥舱

护卫舰的发展

一战时，由于德国潜艇肆虐海上，对协约国舰艇和商船的威胁极大，协约国一方开始大量建造护卫舰，用于反潜和护航。这一时期的护卫舰基本明确了自己的作战任务和使命，找到了在海军中的定位，已经有了现代护卫舰的基本功能。二战后，护卫舰除为大型舰艇护航外，主要用于近海警戒巡逻或护渔护航，舰上装备也逐渐现代化。

现代护卫舰

两次世界大战促使护卫舰迅速发展，20 世界 70 年代后，出现了以导弹为主要作战武器的导弹护卫舰。现代护卫舰正向着导弹化、电子化、指挥自动化的方向发展。在现代海军编队中，护卫舰是在吨位和火力上仅次于驱逐舰的水面作战舰只，也是当代世界各国建造数量最多、分布最广、参战机会最多的一种水面舰艇。

武器装备

护卫舰的特点是轻、快、机动性好且造价低，适于批量生产。早期护卫舰的主要装备是舰炮和反潜武器，发展至今，它的装备系统已相当齐全，主要有防空导弹和火炮系统、对舰导弹、鱼雷和火炮系统、反潜鱼雷和深弹系统，许多护卫舰还搭载反潜直升机、装备软杀伤系统等。武器装备种类的增多和武器威力的增强，使护卫舰的作战使命也随之增多，运用范围也不断扩大。

▼ 护卫舰上发射的导弹

世界著名护卫舰

护卫舰在二战的反潜、防空、护航作战中发挥了重要作用。仅在二战期间，英、美、法、德、意五国就建造了1 800多艘护卫舰。战后，护卫舰得到了很大的发展，作战能力显著提高，如今已成为各国海军装备中的主力舰种。世界上拥有护卫舰的国家和地区约50个，所拥有的护卫舰总数超过其他各舰的总和。

▲"公爵"级护卫舰俯瞰图

"公爵"级

"公爵"级导弹护卫舰是英国海军隶下的主要水面作战舰艇，也是英国海军最先进的护卫舰。它承担了英国海军大部分的外交和战斗任务。"公爵"级护卫舰有着良好的静音效果，还是世界上最早采用了舰体隐身设计的护卫舰。为减小雷达波反射面积，"公爵"级的舰体和上层建筑都有一定的倾斜，还大量使用了雷达吸波材料。

见微知著　吸波材料

吸波材料是指能吸收投射到它表面的电磁波能量的一类材料。在飞机、导弹、坦克、舰艇等各种武器装备上面涂上吸波材料，就可以吸收侦察电波、衰减反射信号，从而突破敌方雷达的防区，避开雷达监测，达到隐身的目的。

"拉斐特"级

法国"拉斐特"级护卫舰是世界上第一种在雷达、红外、水声等各方面采用综合隐身技术的大型隐身战斗舰，并且隐身效果明显。该级舰是世界一流的轻型导弹护卫舰，舰壳设计新颖，上层建筑、桅杆、前甲板皆由玻璃钢制成，并含有雷达吸波材料，大大增强了隐形性能，是将隐身性能与造型艺术完美结合的典范。

▲拉斐特级"阿克尼特"号护卫舰

不惧级“不惧”号护卫舰

“不惧”级

“不惧”级护卫舰是苏联海军研制的第四代导弹护卫舰，也是世界上首批隐形护卫舰之一。它装备有世界上最大口径、最重、最远射程的舰炮：2 座新型水冷式双 130 毫米全自动舰炮，分别位于舰首和舰尾，射程远达 28 千米。炮身右侧还有一个小型光学射控装置，用以保证射击的准确性。

“佩里”级

美国海军的“佩里”级护卫舰是性能适中的通用性导弹护卫舰，具有多种战术用途，可以承担防空、反潜、护航和打击水面目标等任务。尽管它的性能不如某些高性能舰艇，但因其价格适中而被大批量建造。仅至 1988 年，美国就建造了 60 艘该级护卫舰。舰上的动力装置采用全燃动力装置，具有重量轻、体积小、噪声低、操纵性好等特点，而且低速性和可靠性颇佳。

佩里级“辛普森”号护卫舰

“南森”级

“南森”级护卫舰是挪威海军装备的主力军舰，是以反潜为主、可执行多种作战任务的多用途护卫舰。“南森”级的舰体设计相当注重稳定性、隐身性以及抵抗战损的能力，而且舰体航行与螺旋桨产生的噪声也被降至最低。另外，“南森”级也是迄今为止所有装备“宙斯盾”防空系统的军舰中吨位最小的，因此被称为“袖珍宙斯盾”。

南森级“南森”号护卫舰

两栖攻击舰

两栖攻击舰是两栖舰艇中最主要的登陆作战舰艇，诞生于20世纪50年代。两栖攻击舰拥有较强的攻击力，在登陆战中具有十分重要的地位。有的两栖攻击舰甚至像一艘轻型航母，能够压制岸上敌人的火力，掩护己方登陆人员和装备的安全，为登陆作战添加成功的筹码。因此在没有配置航母的舰队中，两栖攻击舰往往会成为舰队旗舰。

“垂直包围”理论

20世纪50年代，美军诞生了登陆战的“垂直包围”理论，要求登陆兵从登陆舰甲板登上直升机，飞越敌方防御阵地，在其后降落并投入战斗。这样可以避开敌反登陆作战的防御重点，并加快登陆速度。两栖攻击舰便是在这种作战思想指导下产生的新舰种。

寻根问底

两栖攻击舰的作战类型有哪些？

两栖攻击舰的作战类型多样，可以将部队送到岸上包围敌人，可以直接从海上发动突然袭击，或者直接攻击打开港口通道，可以夺取一个和外界分离的岛屿，也可以牵制或迷惑敌人，或由海路撤出地面部队。

第一代两栖攻击舰

“硫黄岛”级两栖攻击舰是美国海军60年代建造的第一代两栖攻击舰，始建于1959年4月，1961年8月服役。它原来是作为直升机反潜护航航空母舰设计的，后来为了满足陆战队对垂直登陆的需要，便修改成了两栖攻击舰。它在外形上很像直升机母舰，有从船首至船尾的飞行甲板，甲板下有机库，还有飞机升降机。

“硫黄岛”级两栖攻击舰

▲ 直升机配合攻击舰输送物资

攻击型两栖直升机母舰

两栖攻击舰分为攻击型两栖直升机母舰和通用两栖攻击舰两大类。攻击型两栖直升机母舰又称直升机登陆运输舰或直升机母舰，其排水量都在万吨以上，设有高干舷和岛式上层建筑以及飞行甲板，可运载20余架直升机或短距垂直起降战斗机，它最大的优点就是可以利用直升机输送登陆兵、车辆或物资进行快速垂直登陆，在敌方的纵深地带开辟登陆场。

通用两栖攻击舰

通用两栖攻击舰是一种更先进、更大的登陆舰艇，出现于20世纪70年代，综合能力非常强。它实际上是集船坞登陆舰、两栖攻击舰和运输船于一身的大型综合性登陆作战舰艇，既有飞行甲板，又有坞室和货舱。以往如果运送一个加强陆战营进行登陆作战，一般需要船坞登陆舰、两栖攻击舰和两栖运输船等5艘，而通用两栖攻击舰诞生之后，只需一艘就可以完成任务。

未来发展方向

随着军事技术的发展，两栖攻击舰进入了一个全新的发展阶段。未来两栖攻击舰将继续朝着大型化、通用化的方向发展，信息化程度越来越高，作战指挥能力更强，而且更加重视综合防御，生存能力进一步提高。新一代大型两栖攻击舰普遍配有指挥、控制、情报、侦察和监视等设备，可在两栖作战中扮演指挥舰的角色。

▶ 攻击舰的近防武器系统

世界著名两栖攻击舰

目前世界上只有几个国家拥有在役的两栖攻击舰，其中美国是拥有数量最多的国家。各国海军对于两栖攻击舰的任务需求与设计理念各有不同，除了美国海军因为拥有超级航母，所以在航空母舰与两栖攻击舰之间有明确的分类界线外，其他国家的两栖攻击舰往往与直升机航空母舰或轻型航空母舰的任务角色具有高度重叠性。

“塔拉瓦”级

“塔拉瓦”级两栖攻击舰是美国建造的世界上第一艘通用两栖攻击舰，于1971年1月动工，1973年12月下水，1976年5月服役，一共4艘。“塔拉瓦”级的满载排水量为3.93万吨，航速为24节。它可以装载一个加强战营的人员及装备，30多架不同类型的直升机，必要时还能载运轰炸机、10艘不同类型的登陆艇或45辆两栖车辆。

▲“塔拉瓦”级两栖攻击舰

“西北风”级

“西北风”级两栖攻击舰是法国海军现役的最新一型两栖攻击舰，也是法国海军两栖作战与远洋投送的主力战舰。它可以运载16架以上虎式武装直升机和70辆以上车辆，其中包含13辆主战坦克的运载或维修空间，船上另外还有900名陆战队的运载空间。“西北风”级拥有简洁的整体造型，舰岛与桅杆均为封闭式设计，烟囱整合于后桅杆结构后方，部分部位刻意采用能吸收雷达波的复合材料，能降低整体雷达截面积与红外线信号。

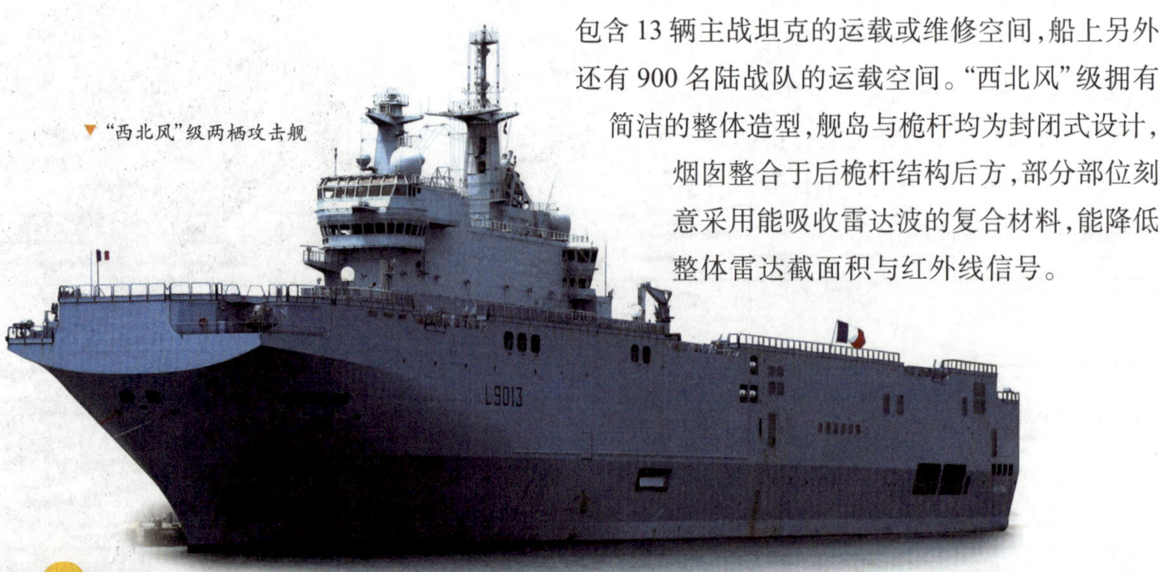

▼“西北风”级两栖攻击舰

“黄蜂”级

“黄蜂”级两栖攻击舰是美国于20世纪80年代建造的一种规模巨大的两栖攻击舰，也是目前世界上吨位最大的舰艇，排水量超过4万吨，看上去像一艘轻型航母。舰上不但设有可以比拟航母的超大机库的飞行甲板，还装有美国航母的招牌武器——“海麻雀”舰空导弹和“密集阵”防空系统。该级舰集直升机攻击舰、两栖攻击舰、船坞登陆舰、两栖运输舰、医院船等多种功能于一身，是名副其实的两栖作战“多面手”。

▼“黄蜂”级两栖攻击舰

浮动的海上医院

两栖攻击舰上通常都设有完善的医疗设备。“西北风”级两栖攻击舰上的病院总共拥有20间病房，包含69张病床与7张加护病床，此外还有两间手术室。如因任务需求需要增加伤员收容能力，还可在机库内增设病床，使舰上病床总数达120张。而“黄蜂”级两栖攻击舰更是犹如一个浮动的大型海上医院，舰上设有600张病床、4个主手术室、2个紧急手术室、4个牙科诊所，以及药房、X光室和血库等。小至头疼发热，大至心脏病手术，士兵都可以在舰上直接解决。

见微知著　“海麻雀”舰空导弹

它是一种全天候近程、低空舰载防空导弹武器系统，主要用于对付低空飞机、直升机及反舰导弹，1969年开始装备，具有命中精度高、反应时间短、抗干扰能力强、适用范围广、全天候、全方位、多目标攻击能力等优点。

▲舰船上的病房

布雷舰

水雷是海军重要的水中兵器之一，而布雷舰则是一种专门用于布设水雷的水面舰艇。它的主要任务是在基地、港口附近、航道、近岸海区以及江河湖泊等水域布设水雷，也可兼负各种训练、供应、支援及运输任务。布雷舰装载水雷较多，布雷定位精度较高，但隐蔽性较差，防御能力较弱，适合在己方兵力掩护下进行布雷。

诞生背景

据考证，早在中国明代，水雷就已产生了。但最初的水雷都是以漂雷类型为主，由于这种水雷一般都是随波逐流，对布雷位置要求不高，因而对布雷设施要求也不高。到了1840年，俄国人发明了触发式锚雷，这种水雷对布设的位置和方式有了更高的要求。在这种背景下，专门从事布雷的舰艇应运而生，并很快在海战舞台上大显身手。

历史发展

俄国于1892年最早建造了2艘布雷舰。在1904—1905年的日俄战争中，俄国就曾用布雷舰艇进行水雷战。到一战期间，已经出现巡洋布雷舰、驱逐布雷舰、高速布雷舰、舰队布雷舰、近海布雷舰和布雷艇等装备。二战中，布雷舰艇得到进一步发展。战后，由于航空兵和战斗舰艇的发展，大多数国家不再建造专用布雷舰艇。

★聚焦历史★

在海湾战争中，伊拉克海军布雷舰在强大敌军压境的情况下，利用夜间在科威特海域及海湾北部布设了约1 100枚水雷，致使美军两栖攻击舰“特里波利”号等三艘舰艇触雷被炸，被迫放弃了在科威特沿海实施登陆作战的计划。

▼一些新造的布雷舰是一舰多用的，但在设计时主要考虑以布雷为主

布雷装置

布雷舰的核心部分是雷舱，通常占舰长的2/3以上，雷舱内设有多条布雷轨和灭火、通风等安全设施。舰上还设有水雷调整室、布雷指挥室及相应设备。布雷甲板上设有起重机、升降机及转盘机等设备，可将水雷从码头吊装、转运至雷舱内并储放在雷轨上。布放水雷时，水雷借助于驱动装置沿雷轨向舰尾移动，经由布雷机通过开启的尾门布入水中。

布雷舰的指挥室

基本分类

布雷舰又分为远程布雷舰和基地布雷舰，排水量一般为500~6 000吨，航速为12~30节，可装载水雷50~800枚。基地布雷舰在基地附近或近海、浅水区布雷，它的航速低、吨位小，只适合于浅水海域活动；远程布雷舰则可以去到更远的海区布设水雷。排水量小于500吨的则被称为布雷艇，它的航速为10~20节，可装载水雷50枚以内。

新的布雷方式

为了进一步提高舰艇布雷的快速性和隐蔽性，一些国家开始在巡洋舰、驱逐舰、护卫舰以至高速巡逻艇上或预先铺设好甲板雷轨，或临时加铺雷轨，以便随时能作为布雷舰使用。也有的国家利用潜艇发射布放能自航的水雷，它能依靠自身动力航行到预定地点成为沉底雷或锚雷。此外，飞机有时也被用来在海域特别是海湾或海峡等处布雷。

“原山”级布雷舰配有对空(海)搜索雷达和声呐系统，除执行布雷任务外，还可担负反舰(潜)任务

扫雷舰艇

扫雷舰是专用于搜索和排除水雷的舰艇。它们主要担负开辟航道、登陆作战前扫雷以及巡逻、警戒、护航等任务。扫雷舰艇自20世纪初问世以来，在战争中得到广泛使用。20世纪70年代以后，一些国家相继研制出了玻璃钢船体结构的扫雷舰艇、艇和扫雷具融为一体的遥控扫雷艇、气垫扫雷艇等，大大提高了排扫高灵敏度水雷的安全性。

主要特点

扫雷舰艇应具有较大的拖力，主机功率除要保证舰艇航速外，还要提供足够功率来拖曳扫雷具。此外，扫雷舰艇要有较好的机动性和海上续航性能，通常采用可调螺旋桨，以适应不同的工作情况。舰上设置有防摇鳍、防摇水舱等，以适于在波浪中航行，还要有精确的定位设备，以保证准确进入雷区，防止漏扫。

▲ 扫雷直升机拖带扫雷具在水面进行扫雷作业

分门别类

▼ "鸦"级猎雷艇

扫雷舰主要分为舰队扫雷舰、基地扫雷舰、港湾扫雷艇和扫雷母舰等种类。舰队扫雷舰也称大型扫雷舰，可扫除布设在50~100米水深的水雷；基地扫雷舰又称中型扫雷舰，主要在基地附近或沿海进行扫雷作业，是各国扫雷舰中的主力；港湾扫雷艇亦称小型扫雷艇，它吃水浅，用于扫除浅水区和狭窄航道内的水雷；扫雷母舰的排水量则达到数千吨，包括扫雷供应母舰、舰载扫雷艇母舰和扫雷直升机母舰。

“复仇者”级扫雷舰

“复仇者”级扫雷舰是美国海军为了加强反水雷舰艇而研制的。它有许多独到之处：第一，该舰舰体采用多层木质结构，且外板表面包有多层玻璃纤维，具有高强度、耐冲击、抗摩擦等特点；第二，探雷设备较先进，舰上的变深声呐可满足数据处理、显示及方向图形成的最新要求；第三，扫雷系统较完善；第四，导航系统精度高，能高精度地确定本舰和水雷的位置坐标。

▲ 扫雷艇

▲ “复仇者”级扫雷舰

海上开路先锋

扫雷舰虽然没有大型舰艇的伟岸身躯，也没有决胜千里的导弹武器，但它却能构筑起通向胜利的海上通道，是战斗舰艇的海上开路先锋。因此，所有舰艇在海上遇到扫雷舰，都要向它鸣笛致敬。这是扫雷舰重要作用的体现，更是对海上扫雷官兵勇敢与牺牲精神的敬意。

破雷舰

现代水雷的种类繁多，有些还具有抗扫能力，甚至能选择攻击目标，这就使扫雷作业变得相当复杂和困难。为此，20 世纪 50 年代初期出现了扫雷舰艇中的“敢死队”——破雷舰。破雷舰能直接引爆潜藏在水中的水雷，主要任务是在雷区内打开通道，为战斗舰艇编队、运输船队开辟安全的航道。

见微知著　破雷舰

它是利用舰体碰撞或舰本身产生的水压场、磁场、声场等物理场引爆水雷的扫雷舰艇，也称雷阵突破舰或试航舰，一般由旧舰船改装。它主要用于在紧急情况下突破雷阵，为其他舰船开辟航道，或检查已清扫过的雷区航道。

军用快艇

在军舰大家族中，有一类军舰航速快、体积小、突发性好、隐蔽性好，具有攻其不备、神出鬼没的作战能力，它们就是被人们称为“海上轻骑”的军用快艇。军用快艇是军用高速攻击艇的简称，俗称快艇，是海军的一种小型水面战斗舰艇。军用快艇种类繁多，形状多样，按所携载武器的种类可分为鱼雷艇、导弹艇、猎潜艇等。

鱼雷艇

▲ 鱼雷艇

鱼雷艇是一种以鱼雷为主要武器的小型高速水面战斗舰艇，主要在近岸海区协同其他军舰对敌大、中型水面艇实施鱼雷攻击，还可担负巡逻、警戒、反潜、布雷等其他任务。鱼雷艇具有体积小、舰速高、机动灵活、隐蔽性好、攻击威力大等特点，但适航性差，活动半径小，自卫能力弱。由于它造价低廉，制造容易，使用方便，加之现代鱼雷的性能不断提高，因此它的发展仍受到当今世界各国的重视。

现代鱼雷艇

现代鱼雷艇有滑行艇、半滑行艇、水翼艇 3 种船型。鱼雷艇艇体采用合金钢、铝合金、木质和混合材料建造，满载排水量一般在 40~150 吨之间，少数大型鱼雷艇在 200 吨以上，舰速为 40~50 节。艇上除装备威力较大的鱼雷等水中兵器外，还装备有拖曳式声呐和射击指挥系统以及通信、导航、雷达、红外探测仪、微光探测仪等设备。

▲ 船员正在操作鱼雷发射器

▲ 导弹艇

★聚焦历史★

20世纪50年代末，苏联建造了世界上最早的导弹艇——“蚊子”级导弹艇。它的排水量只有75吨，却在1967年击沉了排水量1 710吨的以色列海军“埃拉特”号驱逐舰，首开舰舰导弹击沉水面舰艇的先河，给世界海军带来了巨大冲击。

导弹艇

导弹艇是一种以舰舰导弹为主要武器的小型高速水面战斗舰艇，主要用于近岸海区作战，也可用于巡逻、警戒。导弹艇的排水量一般在50~500吨之间，舰速30~50节。导弹艇具有吨位小、舰速高、机动灵活的优点，因为装有导弹武器，具有巨大的战斗威力，有“海洋轻骑兵”的美称，在现代海战中发挥着重要的作用。

导弹艇的武器

导弹艇的主要武器是导弹，艇上装有2~8枚巡航式舰舰导弹。导弹外形像飞机，弹体上有翅膀，尾部有尾翼，用来对付水面的军舰。有的导弹快艇还装备有舰空导弹，用来对付空中目标。导弹快艇上除了装备导弹武器外，还装有舰炮、鱼雷、水雷、深水炸弹以及搜索探测、武器控制、通信导航、电子对抗和指挥控制自动化系统。

▲ 导弹艇指挥控制中心

猎潜艇

猎潜艇是以反潜武器为主要装备的小型水面战斗舰艇，主要用于在近海搜索和攻击潜艇，以及巡逻、警戒、护航和布雷等。它的体积小、吃水浅，机动灵活，不能构成潜艇上导弹和鱼雷攻击的目标，反而很容易找到机会消灭潜艇。所以一般情况下，潜艇碰上猎潜艇只有赶快躲避逃跑，否则就难以脱身了。

登陆舰

登陆舰又称两栖舰艇，它就像“搬运工”一样，是为输送登陆士兵、武器装备及其补给品而专门制造的舰艇。它包括多种不同类型的舰艇，主要有坦克登陆舰和船坞登陆舰等。登陆舰上的武器装备数量不多，因此每逢执行任务时，都需要其他军舰和飞机护航。现代登陆舰的性能和构造更加出色，在实战中也扮演着更加复杂和多元的角色。

▲二战时期的登陆舰

历史由来

一战之前，登陆作战还只是用传统船只来进行。后来，人们逐渐认识到传统船只已经不能胜任近代登陆作战的要求，尤其是在机枪得到大量使用之后。于是一战后，世界海军强国开始重视登陆舰的研究和建造。二战期间，登陆舰已经开始大力发展和运用。

坦克登陆舰

坦克登陆舰是一种大型两栖舰艇，排水量为600~10 000吨，可运载几辆至几十辆坦克以及数百名士兵。它的续航能力一般为200~6 000千米，航速为10~21节，这就使登陆部队可以从出发地直接抵达登陆点滩头，中途无须换乘，大大简化和加快了登陆过程。在二战时期的诺曼底登陆战役中，坦克登陆舰发挥了至关重要的作用。

聚焦历史

登陆舰的前身是一种平底货船，吃水不深，运载量也较小。这种船于1916年在俄国黑海舰队中服役，当时命名为“希望的使者”号。第一次世界大战后期，英国和美国曾改装和建造了一批类似的舰船，这就是最早的登陆舰。

072 型坦克登陆舰

072 型坦克登陆舰是我国第一艘具有远洋作战意义的两栖登陆舰艇，主要任务是在渡海登陆作战中运送登陆部队及其装备，辅助任务是担任物资运输任务。该型舰总长 120 米，宽 15 米，深 9 米，排水量约 3 100 吨，能装载 1 个中型坦克连和 1 个步兵连。1978 年 3 月，072 型坦克登陆舰首舰试航，航速达到 20 节。遗憾的是该舰没有舰载直升机，对于现代化的三栖立体攻击来说，这是一个不足的地方。

船坞登陆舰

船坞登陆舰是可承载两栖登陆船、两栖坦克和气垫船的舰船，满载排水量一般在万吨左右，航速为 16~21 节，可载 10~22 艘各类登陆艇或 20~80 辆两栖车辆。有的船坞登陆舰还设有直升机平台，可运载直升机数架，以及实施机降登陆作战。船坞登陆舰上一般还装有一些防空武器，必要时可以对滩头进行射击。

▲ 船坞登陆舰

▼ 美国海军新一代的两栖船坞登陆舰“圣安东尼奥”级剖视图

071 型船坞登陆舰

071 型船坞登陆舰是我国自主研发的一种大型船坞登陆舰，排水量在 2 万吨左右，可作为登陆艇的母船，用于运送士兵、步兵战车、主战坦克等展开登陆作战，也可搭载两栖车辆，甲板上则有直升机。2006 年，首舰“昆仑山”号下水，并于 2007 年进行海试，同年编入南海舰队。该舰在某些方面代表了我国海军未来大型两栖作战舰艇的发展方向。

补给舰

补给舰是航空母舰战斗群和其他舰船的“物质仓库”，主要用来向它们供应正常执勤所需的燃油、航空燃油、弹药、食品、备件等各种物品，使舰队能够长时间停留在远离基地的海域进行活动，并随时执行指定任务。其特殊设计允许它装设战舰级的远端维修系统，并且减少所有辅助维修系统的能量需求，因此被广泛使用。

产生背景

海上补给方式的大规模应用是在二战时的太平洋战场上。当时随着战线的推进，传统的战役结束后舰队返回港口补给休整的方式显出了弊端，无形中拉长了战役的间隔时间，也降低了物资的利用效率。随着武器和物资生产的大幅度提高、军队人数的大幅增加，改革舰队补给的模式成了势在必行的事。在这样的背景下，补给舰应运而生。

▲ 二战后，补给舰的技术得到了很大发展

补给方式

补给舰的补给方式主要有纵向补给、横向补给和垂直补给三种。纵向补给是最传统的补给方式，就是补给舰在前，接受补给的船只在后，通过软管进行补给工作，现在已很少采用；横向补给是最常用的补给方式，就是补给舰和接受补给的舰只齐头并进，从船舷对接进行补给工作；垂直补给则是运用补给舰或接受补给的舰只上的直升机，从补给舰直升机平台上把补给品吊运至接受补给舰只的直升机平台上来进行补给。

▲ 一架 CH-46D“海骑士”直升机正在从“萨克拉门托”级综合补给船的直升机平台上把补给品吊运至航空母舰的直升机平台上。这种补给方式属于垂直补给

▶ 美国亨利·J.凯泽级"亨利·J.凯泽号"燃油补给船

基本类型

补给舰的种类有很多，从最古老的运煤船，到最先进的高速综合补给舰，都属于补给舰的范畴。现代补给舰主要有舰队油船、综合补给舰和快速战斗支援舰等。舰队油船就是只提供液体燃料的补给舰，有部分型号会同时提供淡水；综合补给舰结合了油船和军火船的功能，把多种补给物资集中在一艘船上，只需要一次对接补给就能完成多项物质的补给供应，大大提高了补给效率；快速战斗支援舰可以说是综合补给舰的强化版本，它的排水量大幅增加，各类补给物资的装载量亦大幅提升，航速远比一般的综合补给舰高。

寻根问底

补给舰上装备有武器吗？

补给舰通常仅配备自卫武器，没有强大的火力。除了步兵常用的轻武器，通常会配备重机枪、小口径火炮、肩托式导弹、短程舰空导弹以及鱼雷诱饵等。一般来说，快速战斗支援舰的防御武器系统会比较齐全。

"萨克拉门托"级补给舰

美国海军的"萨克拉门托"级补给舰是世界首级的综合补给舰，它把一艘油船、一艘军火船和一艘军需船的使命全部集中到一艘船上，是当今世界最大、航速最高的补给舰。它的结构布置便于补给作业，上层建筑分设在船前、后两部分，中间是补给作业区，货舱由两个纵舱壁分隔成三部分，中间装干货、弹药，两边装燃油。船上还设有多个补给站，可同时进行干、液货补给。

▼ 美国萨克拉门托级"坎登"号综合补给船

医院船

只要有战争，就会有人负伤，即使海上战争也不例外。和陆地战争不同的是，海上的医疗救援并不那么方便，因为海洋上不能建造医院，所以就有了医院船。医院船又称医护船，是一种具有在海上收容、医疗和运送伤员能力的军辅船。船上除一般航行设备外，还设置有如同一般医院所需的全套医疗设施，人称“海上医院”“生命之舟”。

醒目的标志

医院船具有十分醒目的标志。医院船的船身一般都是白色的，在船舷等地方标有明显的红十字标志，在白色船体的映衬下十分醒目。作为一个专门治疗伤员的特种舰船，医院船上没有装备任何武器，在战场上负伤的伤员都是通过直升机被运送到医院船上的。

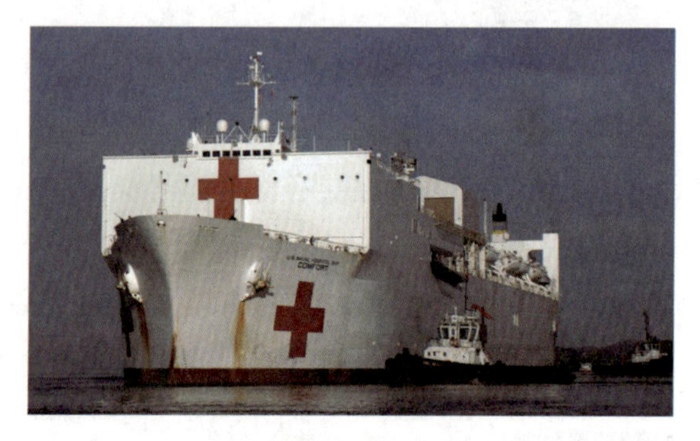

▲ 医院船的醒目标志

设施齐全

医院船虽然是一艘浮动的船只，但与陆地上的医院比起来，设备一样都不少。在医院船上，除了各种应有的医疗机构以外，还有供伤员修养和活动的场所，比如洗衣房、健身房、理发室、图书馆和酒吧等。

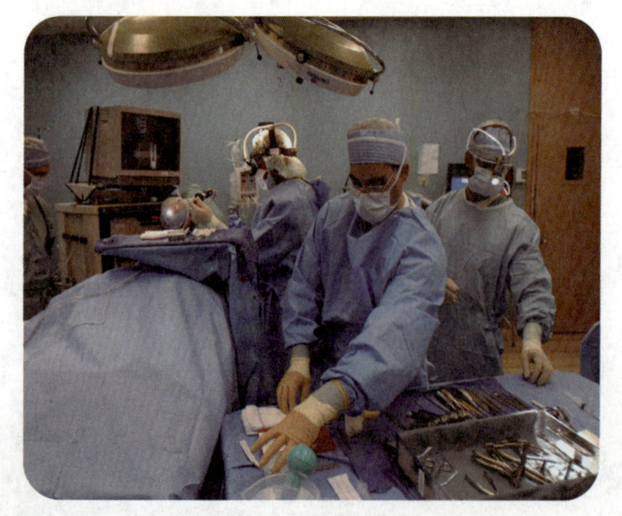

▲ 医疗船上的医护人员正为患者做手术

特殊的法律照顾

作为海战中的一种特殊船只，医院船在法律上负有特殊的义务，同时也享有特殊的照顾。海牙公约对医院船做出了如下规定：医院船必须具有明显的标志；医院船不允许携带任何武器；医院船不得干预任何军事行动；医院船必须无差别地向各国提供医疗照护；交战方有权登船检查医院船是否违反上述行为；攻击医院船属战争罪行。即使有这样的法律，但医院船有时也难免遭受攻击，比如1945年，英国皇家空军就击沉了德意志号医院船。

“仁慈”号医院船

“仁慈”号医院船是隶属美国海军的一艘医院船。它为美军作战部队提供机动医疗保障，有可供大型军用直升机起降的甲板，船上有一间急救室和12个功能齐全的手术室，还有充足的医疗设备，包括X光室、CT室、验光室、实验室、药房、两间氧气生产车间和一个容量超过3 000个单位的血库，并且有洗消设备以防止可能受到的核生化武器攻击。

“和平方舟”号医院船

我国“和平方舟”号医院船是世界上首艘专门为海上救援量身定做的专业大型医院船，舰名“岱山岛”号，舷号866，其排水量之大在同类船舶中享誉亚洲第一。战争时期，该船可为作战部队伤病员提供海上早期治疗和部分专科治疗，或为舰艇部队提供卫勤支援等，而平时则可执行海上医疗救护训练任务，也可以为舰艇编队和驻岛礁等边远地区部队提供医疗服务等。

寻根问底

“和平方舟”号上有哪些医疗设备？

“和平方舟”号是我国自行设计研制的一艘万吨级大型专业医院船，船上有抢救室、X光室、CT室、检验室、血液准备室等10个科室和医疗信息中心，医疗设备配置相当于国内三级甲等医院水平。

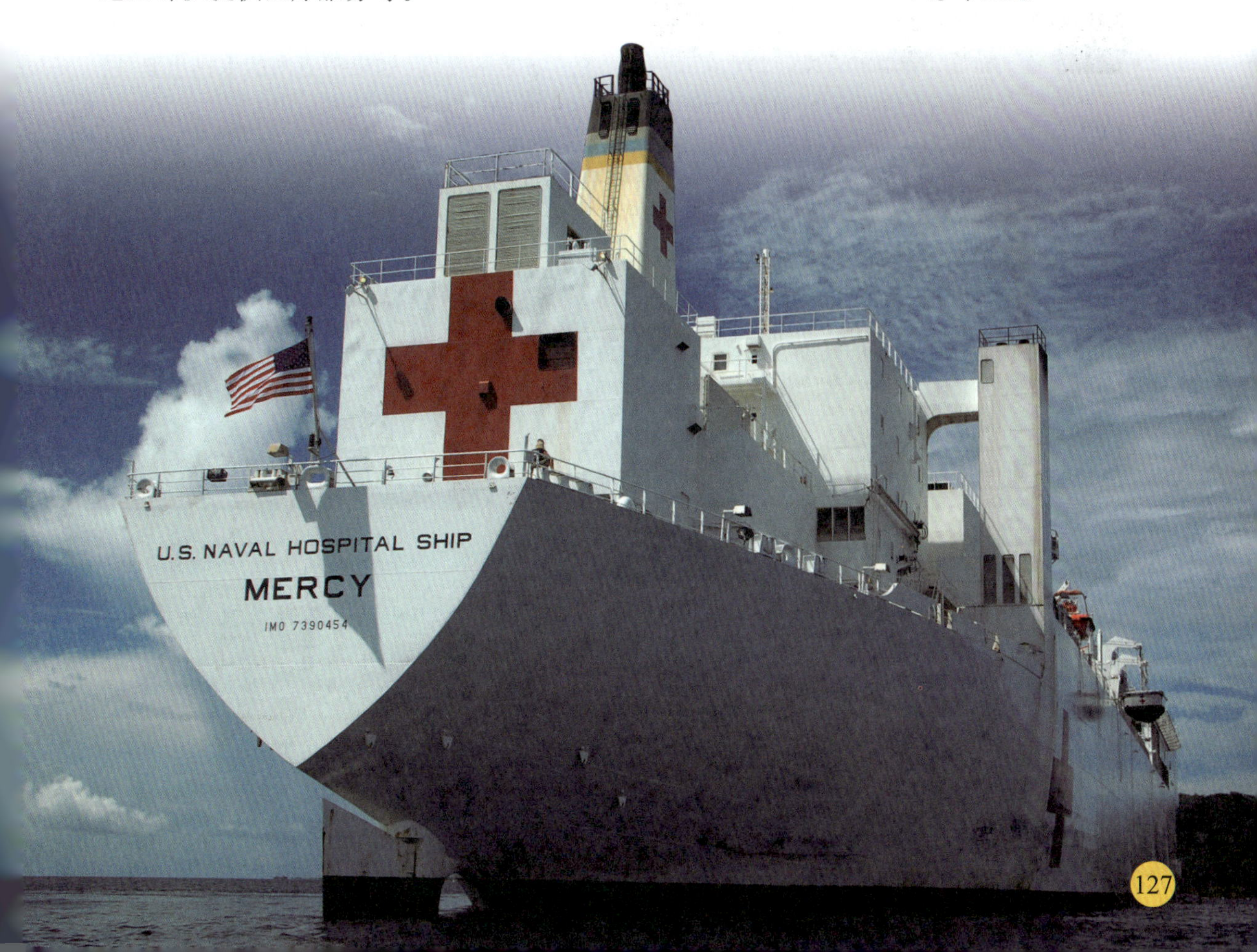

“仁慈”号医院船

潜 艇

潜艇又称潜水艇，是一种能潜入水下，在水下一定深度进行活动和作战的战斗舰艇。它具有隐蔽性好、突击性强、机动灵活的独特性能，是海军的一个重要作战舰种。现代潜艇具有较大的续航力和自给力，可以远离基地在广大的海域独立作战，也可以参加舰艇编队执行各种战斗任务，因而受到世界各国海军的普遍重视。

▲1624 年的伦敦，詹姆士一世国王和他的属下一同观看德雷贝尔制造的潜艇

第一艘潜艇

1578 年，英国人威廉·伯恩在他的一本名为《发明》的书中首次提出了潜艇的设计构想。40 多年后，荷兰人科尼利斯·德雷贝尔制造出了世界上第一艘人力潜艇。这艘潜艇由木架构成，外面包有皮革，艇外涂油，艇内有羊皮囊。向囊内注水后，艇就会下潜至 3~5 米的深度，如果把囊内的水排出艇外，艇就能浮上水面。

现代潜艇的鼻祖

1897 年，美籍爱尔兰人约翰·霍兰设计建造了一艘潜艇，称为“霍兰”号。它的特点是安装有双推进系统，即在水面航行时以汽油发动机为动力，航速为 7 节，续航力为 1 800 千米；而在水下潜航时则以电动机为动力，航速为 5 节，续航力为 92 千米。“霍兰”号是现代潜艇的鼻祖，现代潜艇就是在它的基础上发展起来的。

▲“霍兰”号潜艇

潜艇的特点

潜艇具有以下优点：能利用水层掩护进行隐蔽活动和对敌方实施突然袭击；有较大的自给力、续航力和作战半径，可远离基地，在较长时间和较大海洋区域以至深入敌方海区独立作战，有较强的突击威力；能在水下发射导弹、鱼雷和布设水雷，攻击海上和陆上目标。但它也有不少弱点，比如水下通信联络较困难，不易实现与岸上的双向通信；探测设备作用距离较近，观察范围受限，掌握地方情况比较困难等。

潜艇的用途

潜艇在军事上的用途包括攻击敌人军舰或潜艇、近岸保护、突破封锁、侦察和掩饰特种部队行动等，也常被用于非军事用途，如海洋科学研究、抢救财物、勘探开采、科学侦测、维护设备、搜索援救、海底电缆维修、水下旅游观光、学术调查等。

▲ 潜艇进行水下工作

见微知著 约翰·霍兰

他是爱尔兰人，研制了世界上第一艘可以实战的潜艇，被誉为“现代潜艇之父”。他 18 岁开始研究潜艇，56 岁时成功制造出了一艘装有 33 千瓦汽油发动机和以蓄电池为动力的电动机的传奇式潜艇，开启了潜艇时代。

发展趋势

随着科学技术的发展和反潜作战能力的不断提高，潜艇的性能将进一步提高。其发展趋势如下：发展艇体隐身、降噪技术，提高隐蔽性；研制高强度耐压材料，增大潜艇下潜深度；装备高效能的综合声呐、拖曳声呐，增大水下探测距离；提高导弹的射程、命中精度、打击威力；提高鱼雷的航速、航程和航深；进一步提高驾驶、探测、武器和动力系统等。

常规潜艇

现代潜艇根据动力可以分为常规动力潜艇和核动力潜艇两大类。常规动力潜艇是用柴油机作为动力源，边航行边带动发电机给电池充电的潜艇。它具有隐蔽性、自给力、续航力和较强的突击威力，主要使用鱼雷、水雷、水下导弹等武器袭击敌人。即使是在核潜艇迅猛发展的今天，常规潜艇仍是各国海军重要的突击兵器。

不可替代的优势

常规潜艇由于动力装置的局限，在海军中的地位受到核潜艇的排挤，特别是美国、英国、法国等海军大国已经陆续放弃了常规潜艇。但事实上，现代常规潜艇具有核潜艇不可替代的优越性。因为它比核潜艇吨位小、外形尺寸小、操纵性好，因而更适于在近海、浅水区域、狭窄的海域和比较复杂的气候条件下活动，具有机动灵活的特点。除此以外，它还拥有价廉、无核污染的优点。据估算，一艘常规潜艇的造价只有一艘核潜艇造价的1/5。

见微知著　消声瓦

消声瓦是随现代吸声材料的发展而逐渐成熟起来的一种新型潜艇隐身装备。它具有吸声、隔声、抑振等多种功能，能吸收艇体的自身噪声和辐射噪声，有效降低潜艇自噪声和声目标信号强度，是提高潜艇隐蔽性的有效装备。

▲ 潜艇的操作控制中心

常规潜艇的弱点

常规潜艇上缺乏具有强防御能力的防御性武器，因此自卫能力较弱，一旦被敌方反潜兵力发现，就只能迅速下潜躲避。受动力装置的局限，常规潜艇的潜航时间短，水下航速也较低。由于柴油机工作需要大量的氧气，因此，常规潜艇只能在水面状态、半潜状态和通气管状态下航行，充电时必须处于通气管航行状态，十分容易暴露。

▼ 常规潜艇在水面航行

“基洛”级潜艇

“基洛”级潜艇是苏联为海军研制的最成功的常规潜艇，主要用于近海浅水区域进行反舰与反潜作战，是俄罗斯舰艇出口的一张王牌。该级潜艇水下排水量 3 000 吨，最大潜深 300 米，自持力 45 天。“基洛”级的一大优点是具有非常好的静音效果，全艇所有产生噪声的设备都实行封闭管理，外壳还嵌满了消声瓦，素有“海底黑洞”之称。

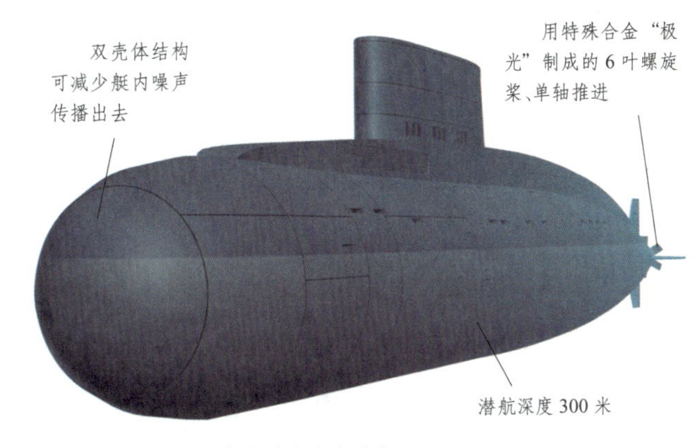

▲“基洛”级柴电动力攻击潜艇

▲ U31 潜艇

U31 潜艇

2003 年 4 月 7 日，德国制造的 U31 潜艇在基尔港正式下水。该艇是世界上第一艘采用燃料电池驱动而不依赖空气动力装置的潜艇，艇长 55.9 米，宽 7 米，水面最大航速 12 节，水下最大航速 21 节。该艇由于改变了常规潜艇的动力系统，被认为是潜艇史上一个新的里程碑。

中国常规潜艇

中国是世界上能够自行研究、设计和建造潜艇的少数几个国家之一。经过几十年的艰苦努力，已建立起自己的潜艇科研、生产体系，且自行研发出了核潜艇。中国已先后建造过 100 多艘常规潜艇，在中国海军武库中至今没有任何其他类型舰艇的建造和装备规模超过常规潜艇。

▼中国常规潜艇

核潜艇

自 20 世纪 50 年代开始，随着核动力技术的发展，核动力化的潜艇逐渐开始替代传统的常规动力潜艇。核动力潜艇简称核潜艇，是指以核反应堆为动力来源的潜艇。与常规动力潜艇相比，核潜艇具有排水量大、水下航速高、装载武器多、攻击威力大、自给能力强和艇员居住性能好等特点。目前，只有军用潜艇才采用核动力作为动力来源。

核潜艇的优势

二战期间，潜艇暴露出了一个重大问题：潜艇在水下潜航的时间受到电池蓄电量的严格限制。也就是说，潜艇每次在水下航行一段时间后，必须浮出水面给蓄电池充电，而这个过程很容易使潜艇遭受空中敌军的攻击。核潜艇克服了这一弊端，它以核反应堆作为动力来源，可以在水下持续航行 37 万千米，几乎两三个月不用浮出水面。此外，核潜艇的发动机功率大幅增加，水下航速较传统潜艇也大大提高，作战能力更强。

▲ 军用核潜艇

第一艘核潜艇

美国的"鹦鹉螺"号核潜艇是世界上第一艘核潜艇，潜艇艇长 90 米，质量 2 800 吨，平均航速 20 节，最大潜深 150 米，按设计能力可连续在水下航行 50 天，全程 3 万千米而不用添加任何燃料。潜艇的外形为流线型，整个核动力装置占艇身的一半左右。"鹦鹉螺"号的诞生预示着潜艇的发展进入了一个新的时期。

▲ "鹦鹉螺"号核潜艇

▲ "机敏"级攻击核潜艇

核潜艇的分类

早期的核潜艇均以鱼雷作为武器，后来由于导弹的发展，出现了携带导弹的核潜艇。按照武器装备和执行任务的不同，核潜艇可以分为两大类：一类是攻击型核潜艇，以近程导弹和鱼雷为主要武器，用于攻击敌军的水上舰船和水下潜艇，同时负责护航及各种侦察任务，一般不用于执行战略核打击任务；另一类是弹道导弹核潜艇，以中远程弹道导弹为主要武器，由于具有高度的隐蔽性和机动性，不容易被敌军发现，因而常常用来进行战略转移，故又称"战略核潜艇"。

弹道导弹核潜艇

弹道导弹核潜艇与陆基弹道导弹、战略轰炸机一起，构成了一个国家三位一体的战略核力量。近年来，由于弹道导弹技术的迅速发展，潜艇上导弹的射程不断增大，命中精度也大幅度提高。弹道导弹核潜艇平时主要游弋在水下，对敌方实施战略核威慑；而到了战时，弹道导弹核潜艇就可以作为高生存力的核反击力量，负责摧毁敌方的岸基战略目标、政治经济高度集中的大中城市、主要交通枢纽和通信设施、大型军事基地和港口等重要目标。

寻根问底

核三位一体指的是什么？

核三位一体指在核武器领域，一个国家同时拥有陆基洲际弹道导弹、潜射弹道导弹和战略轰炸机三种核打击方式的能力。一个国家拥有了核三位一体的能力，也就意味着具有了全面的核威慑能力。

▼ 弹道导弹核潜艇发射的导弹

世界著名核潜艇

核潜艇的出现和核战略导弹的运用，使潜艇的发展进入了一个新阶段。如今，装有核战略导弹的核潜艇已经成为一支不可小觑的水下威慑核力量，但并不是所有国家都拥有建造核潜艇的技术。目前，全世界公开宣称拥有核潜艇的国家只有6个，分别是美国、俄罗斯、英国、法国、中国和印度，其中又以美国和俄罗斯的核潜艇数量最多。

▲"洛杉矶"级核潜艇

"洛杉矶"级

"洛杉矶"级核潜艇是美国海军第五代攻击型核潜艇，是当今美国海军潜艇部队的中坚力量，也是世界上建造最多的一级核潜艇。"洛杉矶"级具有优良的综合性能，不仅可以承担反潜、反舰、为航空母舰特混舰队护航、巡逻和对陆上目标进行袭击等任务，而且还可以执行潜艇的常规任务，如破雷、布雷等。

"海狼"级

"海狼"级核潜艇是20世纪70年代末美国为对抗苏联低噪声核潜艇而研制的，它舰速快，噪声小，隐蔽性好，武器装备精良，性能优越，是世界上装备武器最多的一级多用途攻击型核潜艇。美国多年来获得的降噪技术研究成果在"海狼"上全数展现。它的核反应堆装置经过了严格降噪设计，还采取了消磁、减少红外特性等一系列隐形措施，因而被称为"能隐形的潜艇"。

▼"海狼"级核潜艇

聚焦历史

2004年10月23日，美国海军在诺福克港为其"弗吉尼亚"级攻击型核潜艇首艘"弗吉尼亚"号举行了正式服役庆典。庆典仪式上，美国前总统约翰逊的女儿以命名人的名义宣布："艇员各就各位，让她(潜艇)活起来吧！"

▲ 弗吉尼亚级“密苏里”号攻击型核潜艇

“弗吉尼亚”级

“弗吉尼亚”级核潜艇是美军冷战后研制的新一代潜艇，具有强大的反潜、反舰、远程侦察、执行特种作战能力。它的近海作战能力尤其突出，成为美国海军21世纪近海作战的主要力量。“弗吉尼亚”级拥有与“海狼”级相同的最新的静音科技，例如舰体外部的消音瓦、降低水流噪声的舰体外形设计、主机的弹性减震基座等。为了降低引爆感应水雷的概率，它也使用消磁技术，因此号称是“世界最安静的潜艇”。

▼ “台风”级核潜艇

“台风”级

“台风”级核潜艇是苏联最大的弹道导弹潜艇，也是目前为止世界上最大的潜艇。它装备有先进的潜射洲际导弹、反潜导弹和鱼雷，汇集了苏联海军各型潜艇的优点，其战略导道射程达到8 300千米，可以打击到与它同处一个半球的任何一个目标。

“俄亥俄”级

“俄亥俄”级核潜艇是美国第四代弹道导弹核潜艇，它是迄今各国海军中最先进的战略核潜艇，因为优异的综合性能和威力巨大的弹道导弹而被称为“当代潜艇之王”。“俄亥俄”级是世界上单艘装载弹道导弹数量最多的核潜艇，它携带24枚导弹，射程达1.1万千米，威力足以摧毁一座大城市。

▲ “俄亥俄”级核潜艇

海上航行

人们发明舰船，就是为了在大海上航行。在漫长的航海历程中，人们从过去的飘泊过海发展为现在的远渡重洋，从昔日的海上冒险变为今天的海上旅行和运输。长期以来的航海实践让人们经历了不少危险和事故，也积累了许多海上航行的知识。这些航海知识，也是伴随着船舶的不断发展，在长期的航行实践中逐渐产生和形成的。随着科学的进步，船舶在结构、性能、通信导航设备等方面日益完善，人们也采取了各种措施，来保障船舶在海上安全航行。

确定海上的位置

假如你到了一个陌生的城市向别人问路，别人会告诉你："顺着这条路一直往东走，到第三个路口就到了。"船舶航行在海上，就像人们行走在街道上一样，想要知道已经走过了几条街，还需要多久才能到达目的地。可是海面上没有平整笔直的大道，而是茫茫一片。为了准确地找到船舶的位置，人们建立了航海用的地理坐标。

直角坐标系

直角坐标系是一种最普通的坐标系。在平面上引两条互相垂直的直线，相交的一点称为原点，水平的一条称为横轴，竖直的一条称作纵轴。在横轴和纵轴上都规定了相同的量度单位，它们合起来就成为直角坐标系。在坐标系内的任何一点都可以用坐标来表示，反过来，知道了一个点的坐标，在坐标系内就可以找出这个点的位置。

航海地理坐标

人们经过长期实践，懂得了船舶在海上航行，就像平面上的运动点一样，只要我们知道了它在坐标系中的坐标，这一运动点的位置就可以确定了。同样的道理，我们知道了船舶的坐标，也可以从坐标系上找出船舶的位置。于是人们建立了航海地理坐标系，在地球表面上人为地画上许多纬度线和经度线，就像直角坐标系一样。地理坐标系是由经度和纬度组成的。地面上任何一点位置和船舶在海洋上的位置都可以用地理坐标来表示和确定。

纬线和经线

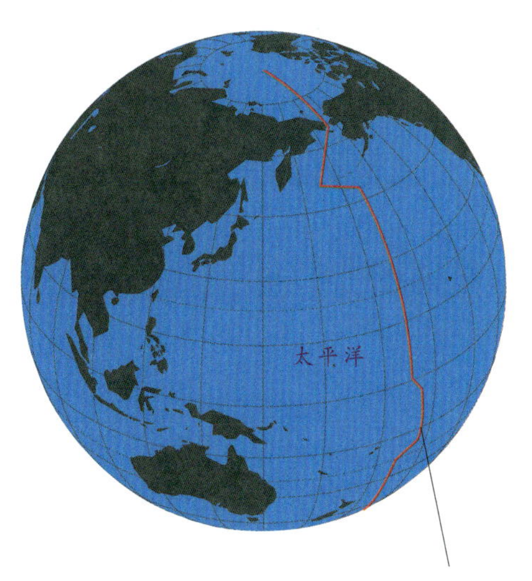

国际上统一将180°经线称为"国际日期变更线"

我们都知道，地球围绕通过球心的轴自转，这条轴称为地轴。设想在地轴的中心点作一个垂直于地轴的平面，这个平面和地球表面相交的线是一个大圆圈，人们把它画在地理坐标上，称为赤道。再画上许多与赤道平行的线条，称作纬线。把赤道规定为零度纬线，从赤道向南和向北各定到90度，赤道以南称为南纬度，赤道以北称为北纬度。人们还把通过地轴的南北两端划上许多圆圈，称为经线，并且把通过英国伦敦东南郊的格林尼治天文台原址的那条经线规定为零度经线。从这条零度经线向东分作180度，称东经；向西分作180度，称西经。

世界时

人们还以格林尼治零度经线的地方时间，作为航海的统一时间，称作世界时。1960年以前，世界时曾作为基本时间计量系统被广泛应用，后来被原子时取代。船舶上用的天文钟表示的时间就是世界时。它使地理坐标系在航海中使用更方便，全世界的航海者只要以格林尼治天文台的经线为起点，便可以在航行中准确地测出自己船只的正确位置和当时的时间。

寻根问底

为什么要规定世界时？

世界各个地区位于地球的不同位置，因此不同地区的日出、日落时间必定有所差异，这就是时差。例如北京的日出时间就比纽约早13个小时。人们为了避免航海时时差带来的日期混乱现象，就规定了统一的世界时。

格林尼治天文台

航行路上的标识

在茫茫的水域之中，轮船的航行看似是一条漫长而孤单的旅程。其实除了它自己，在航行路上还有很多特别的好"帮手"，能够在必要的时候给它提供及时的帮助，这就是航标。灯塔、浮标等都是常见的航标，也是船在航海中十分必要的辅助设施，能够帮助船只辨明方向、找寻航道、避开危险，更安全地驶向目的地。

水中标识

航标是帮助引导船舶航行、定位和标示碍航物与表示警告的人工标志，通常设于通航水域或其近处，以标示航道、锚地、滩险及其他碍航物的位置，表示水深、风情，指挥狭窄水道的交通。按照不同的工作原理，航标可分为视觉航标、音响航标和无线电航标三类。

▲ 浮标

灯塔

视觉航标是使用最多、最方便的航标，能使驾驶人员通过直接观测迅速辨明水域，确定船位，安全航行。灯塔是最常见的视觉航标，通常设立在航道的关键部位，通过安装在顶部的灯向周围过往的船只发出信号，引导其安全地航行。因为要给远处的船只明确的信号，所以它被建成塔状，高高地矗立在广阔的海域。

其他视觉航标

除灯塔外，其他视觉航标还有立标、灯桩、浮标、灯船和各种导标。立标是设置在岸边或浅滩上的固定航标，标身为杆形、柱形或桁架形；发光的立标称灯桩，发光射程比灯塔近得多；浮标就是浮在水面上的航标，用锚固定在一定的位置上，用以表示航道、浅滩、碍航物等；灯船是作为航标使用的专用船舶，装有发光设备，作用与灯塔相同；导标则是由前、后两个立标或灯桩组成的一对叠标，经过精确测量定点建立。

▶ 海上浮标

> **见微知著　船舶自动识别系统**
>
> 船舶自动识别系统，简称AIS系统，由岸基设施和船载设备共同组成，是一种新型的数字助航系统和设备。该系统能连续向其他船舶和基站发送数据，将识别码、船位、航向、航速、船舶基本参数和货物信息等传递给其他船舶或岸上的接收机。

音响航标

一些水域由于其特殊的气候条件，常常会起大雾，使得这片水域的能见度降低。船只航行至此，看不清周围的情况，就需要雾号、雾钟、雾笛和雾哨等这样的音响航标，来发出信号引导船只前进。音响航标是指以音响传送信息引起航海人员注意，使船舶知道大概方位、起到警告危险作用的助航标志。

▲ 雾角

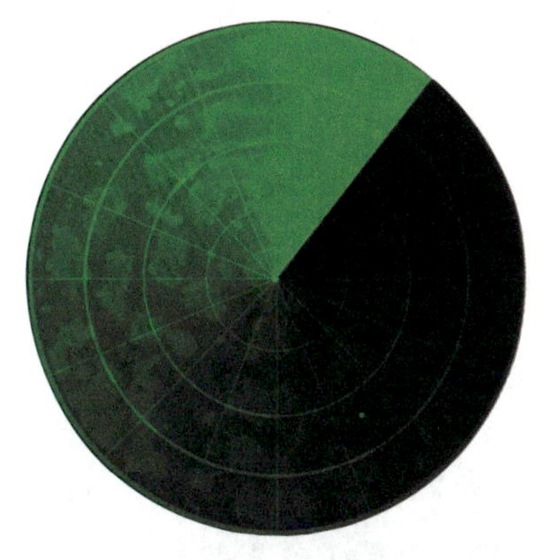

▲ 雷达显示屏

无线电航标

随着人类科学技术的发展，无线电技术被引进航海领域，无线电航标就是代表。无线电航标是指利用无线电波传送信息供船舶测定船位和导航的助航标志，主要包括无线电导航台、无线电指向标、差分全球定位系统、船舶自动识别系统、雷达指向标、雷达应答器等。它是根据无线电波的传播特性求得船舶相对于导航台的几何参数，从而实现船舶定位和导航的。

海上风险

美丽的大海并不总是平静无波的，反而总是充满了各种各样的危险。海上风险包括两类：一类是由海上发生的自然灾害所引起的灾害，一类是航海过程中遇到的意外事故，如冰山、暗礁、暗流等。人们在海上航行时，总会因为这些风险而产生事故。但人类并没有因此而停止对海洋探索的脚步，而是不断征服着这危险而神秘的海洋。

▲ 海雾

海雾

海雾是海洋上的危险天气之一，是在海洋影响下生成于海上或海岸区域的雾。因它能反射各种波长的光，所以常呈乳白色。它对海上航行和沿岸活动有直接影响，能使客船、商船、渔船和舰艇等偏航、触礁或搁浅。人们的航海活动常因海雾而受阻，甚至造成海难。

海啸

海啸是发生在海洋里的一种可怕的自然灾难。当海底发生地震、火山爆发或水下塌陷和滑坡时，就会引起海水的巨大波动，产生海啸。海啸发生时，震荡波在海面上以不断扩大的圆圈传播到很远的地方。它以每小时上千千米的高速在毫无阻拦的洋面上驰骋，掀起高达几十米甚至上百米的海浪，不仅会掀翻海上的船舶，造成人员伤亡，还会破坏沿海陆地上的建筑。

寻根问底

海啸是怎么形成的？

海啸通常是由海底地震引起的，地震时震波的动力引起海水剧烈的起伏，形成强大的波浪，向前推进。此外，海底火山爆发、陨石撞击、土崩及人为的水底核爆也能造成海啸，不过陨石造成的海啸发生可能性很小。

▼ 海啸是一种具有强大破坏力的海浪

冰山

▲ 南极冰山

冰山是指从冰川或极地冰盖临海一端破裂落入海中漂浮的大块淡水冰，通常多见于南极洲与格陵兰岛周围。漂浮在海上的冰山一向是轮船的克星，历史上有无数的船因撞上冰山导致船舱内积水过多最终沉没。冰山都是非常巨大的，很多冰山的长度都超过8千米，有些甚至高达数百米。巨大的冰山对船只航行造成很大的威胁，因为有些冰山露出水面的部分过小，很难被船只发现。目前，人们常使用雷达和声呐探测的方法跟踪冰山，现在的科学技术已经可以很大程度地避免冰山相撞事件的发生。

暗礁

暗礁指经常位于海面以下的岩体或礁体，多孤立地分布在海岸带的下部，是海上航行时的禁区，常对海上航运造成危害和损失。为保证航运安全，在海图上标记出它的确切位置，指示船舶行驶经过暗礁时需减速或绕航。在航海史上，因触到暗礁而导致的沉船事件也不在少数。

暗流

在古代，因为船只吨位小，如果在水流湍急的海峡中遇到暗流，船只很有可能被这股暗流摧毁。现代船只吨位增大，航海技术设备也有所提高，所以暗流很难对大型客船造成危害。但那些渔民出海捕鱼时驾驶的轻吨位的小船抗风险能力较差，遇到暗流时几乎没有有效的躲避手段。

航行中的事故

船舶在海上航行时遭遇自然灾害或其他意外事故，难免会发生海难事故。发生事故的船舶通常远离陆地，外界救援有限，大多时候只能孤军奋战。因此，海难事故造成的后果非常严重，损失巨大。历史上曾发生过多次邮轮、货船、油轮的沉船事件，造成的原因多种多样，但每一起海难都带来了严重的人员伤亡和财产损失。

造成事故的原因

造成海难事故的原因归纳起来有两个大的方面，一个是客观原因，另一个是人为原因。客观原因主要包括触礁、船只相撞、风浪袭击、遭遇海雾和海冰等；人为原因主要包括船员航海知识浅薄、技术不过硬、海上经验不足、疲劳驾驶、管理货物不当等。

▲"泰坦尼克"号邮轮撞击冰山

损失巨大

客船发生海难时，会造成船上数量众多的乘客遇难。货船发生海难时，船上所载的货物或船只部件则可能会遭受海水侵蚀、浸泡或是落入大海。当所载货物是危险化学物品、石油、核设施时，就会对海洋环境造成重大破坏。

预防措施

▲船舶工作人员正在进行消防演习

为保障海上船舶和人命安全，国际海事组织和各国政府针对发生海难的各种原因采取了一系列有力的预防措施和解决办法。该措施和方法主要包括进行长、中、短期天气与海况预报；建立世界性航行警告系统；加强交通管理和航道整治，使港湾设施现代化；增加和改善航标的位置；实施船舶定线通航；在一些险要水域和港口实施强迫引航；制订详细、周密的运载计划；经常对船舶进行维修保养；举办短期船员培训班，要求船员领取救生艇操练、海上求生、消防、医疗等合格证书；追究职责过失的法律责任和承运人的赔偿责任等。

原油泄漏事故

1978年3月，美国油轮“阿莫戈·卡迪兹”号满载23万吨原油在大海上行驶时，因为方向舵被一个巨浪损坏导致失控，撞上岩礁断为两截，并迅速沉入海底。船上的原油全部泄漏到海里，并在海风和潮水的影响下四处漂流，造成海洋大面积污染。海里的野生动物也因此遭遇重创，共计有2万只海鸟、9 000吨重的牡蛎以及数百万像海星和海胆这样栖息于海底的动物死亡。

▲ 遭受原油污染的鸟儿

聚焦历史

1945年1月，德国的“威廉·古斯特洛夫”号邮轮在航行途中被苏联潜艇发射的三枚鱼雷击中，船右舷中弹受创，在极短的45分钟内船就完全下沉了。这次海难造成了的伤亡人数估计达到了9000多人，是世界历史上最大的海难。

“杜纳巴兹”号海难

因为热带气候、客运船只维护糟糕以及安全规则执行不力，菲律宾经常发生海上事故。1987年12月，菲律宾客轮“杜纳巴兹”号与一艘油轮相撞，造成4 000多人丧生，是国际海运史上和平时期的最大海难。跟它相撞的油轮承载了8 800桶原油，导致这场撞击很快就引起大火，因此乘客很难逃生。

▼ 原油泄漏造成的海洋污染

保障航行安全

船舶远离大陆在大海上航行，少则几天几夜，多则几个月，乘客和货物的安全是非常重要的。尽管船舶在设计制造过程中，已经对安全保障问题有了充分的考虑，但在航行过程中事故还是有可能发生的。因此，为了船上全体乘员的生命安全，船上除了有可以呼救的通信设施外，还必须配置能单独在海上漂浮或行驶的各种船舶救生设备。

先进的通信工具

为了便于及时的获得援救，船上一般会配备大量先进的遇险通信工具，比如中、高频数字选择性呼叫系统，用于海上近距离通信的甚高频无线电话、指示位置的无线电应急示位标、便于雷达识别和发现的雷达应答器等。

救生艇

救生艇属于船上重要的应急救生设备。不论是客轮、货轮、油轮，还是其他一些大型拖船上，总要放几条小艇，其中有的是机动的，有的是驶帆或划桨的。它们的船身有的是木质结构，有的是钢质或铝合金的，还有的是用塑料或玻璃钢制成的。大船上应该配备多少小艇是根据载运人数来规定的。一般货船上只有几十人，备几只小艇就够了，大型客轮上的旅客和船员都很多，就需要多备一些。平时，这些救生艇好像没有什么用处，然而一旦遇到海上事故，或发现遇难船只，需要营救落水人员时，这些小艇就有了用武之地。不仅如此，如果大船由于某些原因无法靠岸，救生艇还是船员和乘客上岸的主要交通工具。

救生艇是任何船上都必不可少的救生设备

小艇上的装备

救生艇里边装有空气箱，使其在风浪中可以保持有足够的浮力而不会沉没。此外，还配备桨、帆和通信设备，以及救生衣、救生药包、指南针、海图、食品、淡水、救生信号等。救生信号一般有火焰信号、红光火箭降落伞信号、烟雾信号等。有些救生艇上还备有水手刀、钓鱼工具、防水火柴等用品。

救生衣一般为背心式，用泡沫塑料或软木等制成。穿在身上具有足够浮力，使落水者头部能露出水面

其他救生设备

为了保证船员和旅客的安全，按国家规定，船上除了配置救生艇以外，还有一些其他的救生设备，如救生筏、救生椅、救生圈、救生衣等。这些救生工具都具有足够的浮力，能支持所载人员安全地浮出水面。

见微知著 无线电应急示位标

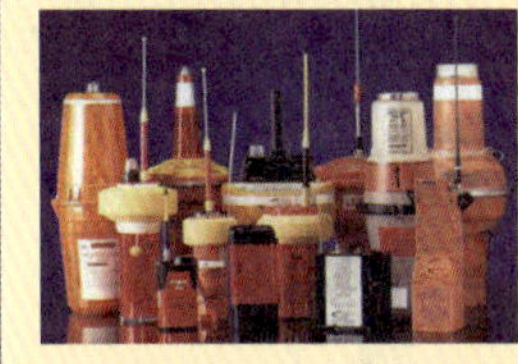

这是一种船舶紧急救生设备，能在沉船后自动弹出浮到水面，发出遇险求救信号。该求救信号通过卫星转发到地面站，报告当前的位置、平台信息等，好让救援组织能在第一时间抵达遇险海域开展救援工作。

正从船上下卸的救生筏

良好的抛锚地

为了防止事故的发生，在海上航行时，船如果遇上台风、大雾、或其他障碍时，就必须停止航行。这时，船舶可以到附近的港口暂避，如果没有港口，或途中发生故障，那就只好抛锚暂避或等待救援了。此时就需要驾驶人员仔细研究海图和有关航行资料，认真地考虑水深情况，来决定抛锚地了。

港口

海上导航

船舶在大海上航行，很多时候人们都看不见陆地和岛屿，看到的只有海水。为了确保船舶在海上安全航行，保证船只基本上能按照计划航线行驶，必须随时掌握船在海上较为准确的实际位置，这就是导航的基本任务。船舶导航可以追溯到遥远的古代，导航就相当于船只的眼睛，它能为船舶在海上航行指引正确的方向。

早期天文导航

早期的航海者利用恒星来分辨方向，如先秦时期人们对海洋的认识逐渐深刻，已经开始利用太阳和北极星为海上导航标志，并发明了海上测天体高度的仪器。但这种方法有很大的缺陷，一旦因阴天、大雾等恶劣天气而无法观察恒星，那将极其危险。所以，古人无法远距离航行。

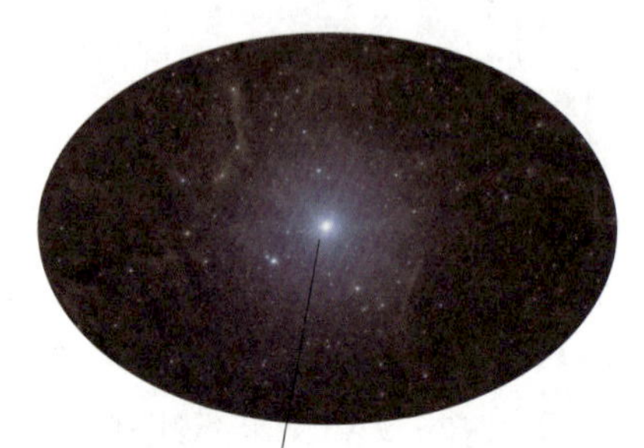

北极星距地球北极很近，差不多正对着地轴，从地球上看，位置几乎不变，早期航海靠它来辨别方向

陆标导航

船如果沿海行驶，就可以利用灯塔等航标来导航，或者借助于四周的岛屿、山峰等明显的陆上目标来进行导航。通常，人们把这种利用陆地和岸上的目标进行船舶定位的方法叫做陆标导航。陆标导航是一种最常用、最基本的测定船舶位置的方法，直到现在，人们仍会利用陆标定位，借助各种航海仪器观测外界已知物体的位置，来确定自己所在的方位。

▼ 岛屿是人们在航行中重要的定位标志

航海图

为了让航海者了解各海区的地形、地貌和水文等情况，以便制定和掌握航线，人们绘制了航海图。航海图是精确测绘海洋水域和沿岸地物的专门地图，其主要内容包括岸形、岛屿、礁石、水深、航标、灯塔和无线电导航台等。航海图是航海必不可少的参考资料，有了它，航海者才不会轻易在大海中迷失方向。

▲ 意大利著名制图师和刻版师保罗·福兰尼制作的波多兰航海图，也是第一张在铜版上雕刻和印刷的航海图

指南针导航

到了宋代，海船上装上了我们祖先的伟大发明之一——指南针，出现了磁罗经，导航方法有了新的发展。中国最初的指南针采用的是水浮法，后来水浮法指南针被称为水罗盘。指南针于十二三世纪传入阿拉伯，后又传入欧洲。之后，欧洲人将磁针放在钉子尖端，可自由转动，制成了旱罗盘，旱罗盘有固定的支点，不像水罗盘那样不平稳，性能更适用于航海。

全天候导航工具

指南针的主要组成部分是一根装在轴上的磁针，磁针在天然地磁场的作用下可以自由转动并保持在磁子午线的切线方向上，磁针的北极指向地理的北极，利用这一性能可以辨别方向。作为中国古代四大发明之一，指南针的发明对人类科学技术的发展起了不可估量的作用。指南针这种全天候的导航工具应用在航海上，弥补了天文导航、陆标导航的不足，开创了航海史的新纪元。

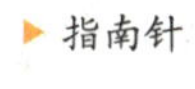

▶ 指南针

见微知著　**磁罗经**

磁罗经，又称“磁罗盘”，是一种测定方向基准的仪器，用于确定航向和观测物标方位。它是在中国古代的司南、指南针基础上逐步发展而成的，是利用磁针受地磁作用稳定指北的特性制成的指示地理方向的仪器。

现代导航仪器

到了近代，六分仪、计程仪等普通的导航仪器诞生了；20 世纪 40 年代，无线电导航仪出现了；紧接着，惯性导航仪、射电六分仪等也随着核潜艇的诞生而出现。现代导航仪器主要有普通导航仪器、天文导航仪器、无线电导航系统、海军卫星导航系统和惯性导航系统等。船舶导航技术的发展使人们能在海上航行得更远了。

▲ 导航系统设备

普通导航仪器

普通导航仪器包括磁罗经、陀螺罗经、计程仪、回声测深仪等，主要用于测定舰艇的航向、航速和水深等数据。这些仪器的结构简单，使用方便且生命力强。尽管它们已不是现代军舰的主要导航设备，但在战时断电或其他导航设备发生故障时，却能发挥不容忽视的作用。

天文导航仪器

古老的天文导航在近代也得到了发展。18 世纪时，出现了六分仪和天文钟，可以在晴天的白天观测天体，以确定船舶的位置。后来又出现了能在阴雨天气导航的射电六分仪。总的来说，天文导航容易受到天气的影响，且误差较大，但却具有独立性强，不受人工或自然形成的电磁场的干扰，仪器简单，费用节省，隐蔽性好等优点。

▲ 六分仪

无线电导航

无线电导航仪器是借助电磁波的信息来定位导航的，同其他导航方法相比，无线电导航具有不受天气限制、定位精度和可靠性较高、作用距离较远等优点，因而在导航技术中占有重要的地位。但无线电导航必须依靠导航台的信息，容易受到自然或人为的干扰，并且难免会发生故障，因此也不能完全替代普通航迹导航、陆标导航和天文导航。

寻根问底

船舶的导航设备可以分为几类？

船舶导航设备分为自主式和非自主式两种。自主式导航只需要船舶上的设备，包括天文导航、惯性导航等；非自主式除了船舶上的设备，还需要与有关的地面或空中设备相配合，包括无线电导航、卫星导航。

▲ 电子技术员检查舰船的惯性导航系统

惯性导航

惯性导航系统是根据牛顿运动定律，利用加速度计测量舰艇运动的加速度以确定舰艇速度和位置的精密导航系统。整个系统是由三个陀螺仪组成的稳定平台，始终保持在和地球表面相切的平面上，提供精确水平基准信息。惯性导航系统是完全自主、无源式的导航系统，是核动力潜艇、海洋调查船等大型舰船必不可少的导航设备。但其制造工艺水平要求高，造价昂贵，定位误差随时间的累计而增加，每隔一定时间必须校正。

卫星导航

1957 年，人类发射了第一颗人造地球卫星，1964 年又研制出了卫星导航系统。这种新技术应用于航海后，使得航海从地文航海和天文航海时代进入电子航海时代。特别是时间测距卫星导航系统，不但能提供全球和近地空间连续立体覆盖、高精度三维定位和测速，而且还有着超强的抗干扰能力。

▶ 导航卫星

卫星导航

20 世纪 60 年代，卫星导航设备出现了，这是导航史上的一次重大突破，为高精度的全球定位打开了局面。卫星导航是指采用导航卫星对地面、海洋、空中和空间用户进行导航定位的技术。它综合了传统导航系统的优点，真正实现了各种天气条件下全球高精度被动式导航定位。我们常见的 GPS 导航、北斗卫星导航等均为卫星导航。

海军导航卫星系统

海军导航卫星系统又称子午卫星系统，是美国海军利用多普勒频移测量技术研制并建立的具有导航与定位功能的卫星系统。整个系统包括子午卫星、地面跟踪站和舰艇接收机三部分。当导航卫星进入无线电地平后，舰艇接收机自动测量多普勒频移，并译出卫星发送的轨道参数和时间信号，经计算机算出舰位。海军导航卫星系统操作简便、定位迅速、精度高且可全天候作业，在全球定位系统技术出现之前应用十分广泛。

GPS 导航系统

GPS 是全球卫星定位系统的简称，是美国从 20 世纪 70 年代开始研制的新一代空间卫星导航定位系统，1994 年全面建成。它的主要目的是为陆、海、空三大领域提供实时、全天候和全球性的导航服务。GPS 系统一共由 24 颗卫星组成，可对地面车辆、海上船只、飞机、导弹、卫星和飞船等各种移动用户进行全天候的、实时的高精度三维定位测速和精确授时，现已广泛应用于各个领域。

GPS 卫星导航仪

GPS航海导航

现在，航海应用已经成为GPS导航应用的最大用户，这是其他任何领域的用户都难以比拟的。GPS系统用于海上导航，不仅精度高、可连续导航，而且有很强的抗干扰能力。GPS航海导航的用户众多，其分类标准也不尽相同，按照航路类型划分可以分为五大类：远洋导航、海岸导航、港口导航、内核导航和湖泊导航；按照导航系统的功能划分，大致可以分为自主导航、港口管理和引进导航、航路交通管理、跟踪监视、紧急救援以及水下作业等系统。

海上交通管制中心

北斗卫星导航系统

中国北斗卫星导航系统是中国自行研制的全球卫星导航系统，由35颗卫星组成，是继美国GPS系统、俄罗斯格洛纳斯卫星导航系统之后第三个成熟的全球卫星导航系统。北斗卫星导航系统由空间段、地面段和用户段三部分组成，可在全球范围内全天候、全天时为各类用户提供高精度、高可靠定位、导航、授时服务。该系统已获得了国际海事组织的认可，将在任何天气条件下，为水上航行船舶提供导航定位和安全保障。

北斗卫星导航系统的邮票

聚焦历史

2014年11月23日，国际海事组织海上安全委员会审议通过了对中国北斗卫星导航系统认可的航行安全通函，这标志着北斗卫星导航系统正式成为全球无线电导航系统的组成部分，取得了面向海事应用的国际合法地位。